QUE SAIS-JE ?

La probabilité, le hasard et la certitude

PAUL DEHEUVELS
Professeur à l'Université Pierre-et-Marie-Curie (Paris VI)
Membre de l'Académie des sciences

Quatrième édition mise à jour

18e mille

ISBN 978-2-13-057125-4

Dépôt légal — 1re édition : 1982
4e édition mise à jour : 2008, septembre

6, avenue Reille, 75014 Paris

PRÉFACE

J'ai rencontré un jour quelqu'un qui affirmait de toute bonne foi son scepticisme sur la possibilité de trouver des résultats nouveaux en mathématiques. Il m'est apparu que, si une telle opinion pouvait exister, c'était dû à l'égoïsme des mathématiciens eux-mêmes, peu enclins à faire l'effort de parler de leur matière autrement que pour un public de spécialistes. À leur décharge, il faudrait reconnaître qu'il est bien difficile de discourir de choses abstraites sans ennuyer, et qu'il y a bien assez de travail à faire pour chercher des choses nouvelles (et chacun sait que seule la recherche est appréciée réellement dans les milieux scientifiques), pour qu'on ait besoin d'y ajouter encore des tâches de vulgarisation.

Néanmoins, il faut faire l'effort de rendre la science accessible au plus large public, et, après coup, je dois admettre avoir eu beaucoup de plaisir à écrire une monographie dans un tel esprit. J'espère qu'elle atteindra son but qui est de faire connaître certains développements récents (et anciens) du calcul des probabilités, et aussi qu'elle contribuera, par l'exemple, à faire écrire davantage les mathématiciens pour le reste de l'humanité.

Le lecteur pourra compléter le contenu de cet ouvrage en se référant aux auteurs et ouvrages cités dans le texte et à la fin de celui-ci. Cette opération est considérablement facilitée, depuis déjà quelque temps, par l'utilisation de moteurs de recherche sur Internet. En particulier, les références précises de la plupart des publications mathématiques sont disponibles, entre autres, sur le serveur MathSciNet *du site de l'American Mathematical Society :* http://www.ams.org/.

INTRODUCTION

Le titre de cet essai peut paraître paradoxal, en ce qu'il allie deux notions antinomiques, celles du *hasard* et de la *certitude*.

Il s'agit en fait pour nous de montrer *comment naît la certitude, à partir d'un phénomène soumis aux lois du hasard*. Nous aurions pu également donner comme titre de ce qui suit quelque chose comme *Réflexions sur les lois des grands nombres,* bien que notre propos aille sensiblement au-delà.

Avant d'aller plus loin, donnons quelques exemples permettant de comprendre ce dont il s'agit.

Les réalisations physiques les plus élémentaires de phénomènes *aléatoires* se trouvent dans les *jeux de hasard,* comme « pile ou face », ou un lancer de *dés*. Il n'est pas d'ailleurs superflu de rappeler qu'*alea* signifie *dé* en latin, de même que *hasard* provient de l'arabe oriental *al-zahr,* qui fut utilisé, jusqu'au XIIe siècle pour désigner le jeu de dés. Ceci met en évidence l'importance du *jeu* dans la naissance historique du *calcul des probabilités*.

Le cas le plus simple d'une suite aléatoire peut être réalisé physiquement par une *suite* (ou *répétition illimitée*) de jeux de pile ou face, où une pièce de monnaie, jetée en l'air, retombe « au hasard » en faisant apparaître sur sa partie visible, soit pile, soit face. Il est « naturel » de supposer que les résultats successifs du jeu sont *indépendants, imprévisibles,* que la pièce soit *équilibrée* afin qu'il n'y ait pas de raison que face sorte plus vraisemblablement que pile, ou *vice versa*.

Après avoir observé les n premiers jeux, comptons le nombre S_n de fois que face est apparu, du 1er au n-ième jet de pièce. La *fréquence* d'apparition de face est alors définie par le rapport S_n/n, nombre compris entre 0 et 1, et pouvant prendre, *a priori,* n'importe laquelle parmi les valeurs *possibles* $0, 1/n, 2/n, \ldots, (n-1)/n, 1$.

Quel est le comportement de S_n/n lorsque n augmente indéfiniment ? La réponse à cette question est donnée par ce qui est appelé usuellement la « loi des grands nombres », démontrant *par le calcul mathématique* que la suite S_n/n converge vers 1/2. Une expression plus rigoureuse de ce résultat (Kolmogorov, 1930, voir le chap. III) consiste à dire que *la limite de* S_n/n, *lorsque n tend vers l'infini, est égale à 1/2, avec probabilité 1.* Comme nous le verrons plus loin, ceci revient, en pratique, au même, puisqu'un événement de probabilité 1 est « physiquement certain ».

On voit ainsi que, *dans ce phénomène dont il n'est pas possible de prévoir le détail des réalisations, il est, néanmoins, possible de dégager une certitude globale.*

On peut objecter que la convergence des fréquences du jeu de pile ou face vers 1/2 est « assez naturelle ». En fait, un peu de réflexion montre que le résultat n'est pas du tout évident. On pourrait, par exemple, tout à fait imaginer que S_n/n oscille indéfiniment entre 0 et 1, sans converger vers une limite particulière.

Un autre exemple de « loi des grands nombres » permet d'obtenir un résultat très inattendu. Il s'agit de l'*aiguille de Buffon.*

L'expérience, inventée en 1777 par Georges-Louis Leclerc de Buffon (1707-1788), consiste à tracer sur le sol un réseau de droites parallèles, mutuellement distantes de a unités de longueur. On jette par terre une aiguille mince de longueur $l < a$, et on regarde si l'aiguille croise ou non une droite du réseau. Répétant l'expérience un grand nombre de fois, on mesure la fréquence p_n (nombre d'intersections / nombre de cas total) de ces intersections. Il se trouve que, lorsque le nombre n d'expériences augmente indéfiniment, la fréquence p_n converge vers $p = \frac{(2l)}{(\pi a)}$, permettant d'obtenir l'évaluation expérimentale $\frac{(2l)}{(ap_n)}$, de $\pi = 3{,}14159...$, au prix d'une règle de trois. Il est surprenant qu'on puisse évaluer π à partir de l'observation d'un tel phénomène aléatoire ; c'est cependant le cas, et de nombreuses répliques expérimentales de ce phénomène ont conforté cette loi.

[Nous invitons le lecteur à réaliser cette expérience sur un parquet, avec une allumette taillée de sorte à respecter les proportions $l = (0{,}8)\ a$, ou $a = (1{,}25)\ l$. Pour obtenir une estimation de π comprise entre 3,1 et 3,2 il faut faire de l'ordre d'une

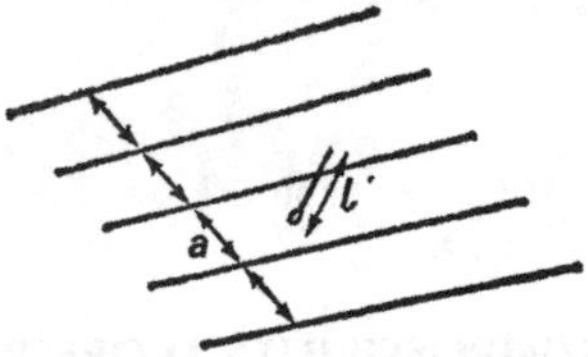

Fig. 1. – L'aiguille de Buffon

centaine de jets, car la convergence est relativement lente. Buffon alla lui-même jusqu'à 2 048 jets d'aiguille, ce qui lui permit d'évaluer π avec une précision de deux décimales.]

La « loi des grands nombres » s'applique ici aux *moyennes* d'épreuves aléatoires répétées de même nature. Elle n'est pas la seule de son genre qui permette de décrire des *comportements certains* de suites aléatoires. Il existe, en fait, une multitude de « lois des grands nombres », dont certaines sont très surprenantes.

Notre propos sera centré sur l'étude des résultats de ce type, dont plusieurs, parmi ceux que nous évoquerons, n'ont été découverts que fort récemment. Malgré l'utilité évidente de faire connaître de telles « lois naturelles », nous ne pourrons ici, faute de place, qu'aborder superficiellement l'étude de ces phénomènes, souvent bizarres, et qui présentent un caractère d'universalité les plaçant au cœur même de la science.

Dans la suite, nous nous efforcerons d'adopter une présentation aussi vivante que possible du *hasard et de la certitude*. Ceci sera fait en suivant un ordre peu académique, consistant, davantage, à « raconter le calcul des probabilités », et son évolution historique, plutôt que de discourir pour les spécialistes seuls.

Chapitre I

DE L'IMPOSSIBILITÉ D'OBSERVER DES ÉVÉNEMENTS IMPROBABLES

La notion de hasard, de probabilité, d'aléa est fort difficile à présenter de manière cohérente, en ce qu'elle mélange des modèles *mathématiques, philosophiques* et *physiques.* Il faut distinguer, d'une part, la *théorie mathématique* du calcul des probabilités, qui constitue une branche de l'Analyse, aux développements parfaitement rigoureux, et, d'autre part, les *phénomènes physiques, qui s'interprètent à l'aide de cette théorie,* sans qu'on puisse toujours justifier complètement la validité de cette *modélisation.* L'adéquation du modèle probabiliste au monde physique s'observe, mais ne se démontre pas. La philosophie demeure en filigrane de ces concepts, dans la mesure où le débat n'a jamais cessé entre les tenants du *déterminisme pur* (où rien n'est laissé au hasard), et ceux qui considèrent que le hasard est une composante naturelle du monde où nous vivons (mentionnons à ce point la *théorie du chaos,* principalement développée à partir de 1975, et qui montre que de nombreux phénomènes sont, par nature, imprévisibles au-delà d'un certain horizon temporel, du fait de leur sensibilité aux conditions initiales de leur description).

Reprenant l'exemple du jeu de pile ou face que nous évoquions antérieurement comme prototype de phénomène aléatoire, on voit qu'un tel phénomène physique est *imprévisible* dans ses réalisations individuelles. Il faut, pour le décrire, arriver à définir des grandeurs permettant de quantifier le caractère *plus ou moins probable* d'événements susceptibles d'être observés.

Dans le cas de jeux finis, où chacune des possibilités individuelles a, *a priori,* les « mêmes chances » de se réaliser (par exemple pour des raisons de *symétrie* dans le jeu de pile ou face), il est naturel de définir la probabilité, notée P(A), d'un événement A observable dans le jeu, par le rapport :

$$P(A) = \text{Probabilité de A}$$

$$= \frac{\text{Nombre de cas possible où A a lieu}}{\text{Nombre total de cas élémentaires possibles}}.$$

À titre d'exemple, dans un jeu de 3 « pile ou face », il est possible d'observer indifféremment FFF, FFP, FPF, PFF, FPP, PFP, PPF, PPP. La probabilité de l'événement A = { Pile apparaît une fois } étant ainsi égale à 3/8, puisque A se produit dans les 3 cas FFP, FPF et PFF, sur un total de 8 cas possibles.

Par cette définition, un événement de probabilité *très petite* peut être considéré comme *très peu vraisemblable,* et donc *difficile à observer*. Considérons par exemple la probabilité d'observer 10 piles consécutifs dans un jeu de pile ou face, soit PPPPPPPPPP. La probabilité correspondante est alors $2^{-10} = 1/1\,024 \cong 0{,}09\,\%$. Il semble donc *pratiquement exclu* qu'un joueur observe cette configuration en ne réalisant qu'une seule expérience.

Ceci n'est pas pour autant impossible puisque, en admettant que le même joueur soit très patient et répète, par exemple, 4 000 fois son jeu de 10 « pile ou face », il aurait cette fois-ci une probabilité de $1-(1-2^{-10})^{4\,000} \cong 98\,\%$ d'observer, au moins une fois parmi les 4 000 répétitions du jeu, 10 piles consécutifs. Ceci rend donc l'observation d'un tel événement *très probable* sur le long terme.

Supposons maintenant que la suite des jeux de pile ou face soit *infinie*. Il n'est plus possible alors de définir la probabilité par le rapport { Nombre de cas possibles } / { Nombre de cas total }, expression qui n'a pas de sens, son dénominateur étant infini. Il est cependant possible de prolonger logiquement la définition précédente, en accordant, par convention, à la probabilité, des propriétés de continuité pour certains passages à la limite. Ceci permet d'attribuer à des événements, tels que PPP…P... (soit que pile sorte tout le temps), la probabilité 0.

Comme, déjà, un événement de probabilité très petite peut être considéré comme quasiment impossible à observer en une seule épreuve, on est amené à admettre le postulat stipulant que, *si un événement a une probabilité nulle, on doit considérer sa réalisation comme une impossibilité physique.*

Ce point devient délicat lorsqu'on considère globalement l'ensemble de tous les cas imaginables de suites de pile ou face. Bien que, par le principe précédent, chacun de ces événements soit « physiquement impossible », il y en a toujours un parmi eux qui se réalise, d'où un *paradoxe*. Il est donc nécessaire de préciser l'interprétation du principe en notant que *l'impossibilité physique d'observer un événement de probabilité nulle n'est valable pour un seul de ces événements, spécifié avant l'expérience.*

Lorsque nous parlons ici d'un seul événement, ceci n'exclut pas le fait que cet événement soit *composite,* puisque, comme nous le verrons, si A_1, A_2, ..., est une *suite* d'événements de probabilité nulle, l'événement, noté $A_1 \cup \ldots \cup A_n \cup \ldots$, qui a lieu si l'un au moins des A_i a lieu, est encore de probabilité nulle. En d'autres termes, *si chacun des événements d'une suite d'événements est de probabilité nulle, il est impossible physiquement d'en observer un seul.*

Nous arrivons ainsi à dégager les idées suivantes :

1 / Un phénomène aléatoire est, par définition, impossible à prévoir dans le détail ; on ne peut qu'évaluer le caractère plus ou moins probable de certains événements observables qui lui sont associés.

2 / Si le phénomène est assez complexe, il est possible d'attribuer à certains événements théoriquement observables la probabilité 0, ce qui en fait des impossibilités physiques.

3 / Si on peut dire antérieurement à l'observation d'un phénomène aléatoire que certaines de ses réalisations théoriquement possibles n'auront certainement pas lieu, dans quelle mesure reste-t-il encore aléatoire ? En d'autres termes *n'est-il pas paradoxal de dégager des certitudes de phénomènes aléatoires* ?

Les multiples lois des grands nombres, décrivant des *comportements certains* d'objets aléatoires, sont parfaitement illustrées par l'exemple des *jeux de hasard.* Il est, en effet, assez courant de voir des joueurs de casino essayer d'utiliser une loi des grands nombres pour tenter d'assurer leurs gains au détriment de leur adversaire. Une méthode de ce type qui reste très populaire, malgré ses inconvénients, est celle du « principe de compensation », que nous décrivons ci-dessous (voir, plus loin, le chap. XIV).

Au casino (voir le chap. XIII), le jeu de pile ou face est remplacé par la sortie de *pair* ou *impair,* ou de *rouge* ou *noir,* à la table de roulette. De tels jeux se comportant comme celui de pile ou face, nous conserverons le vocabulaire de ce dernier jeu. Si on désigne par S_n le nombre de fois que face sort en n jeux, et par $T_n = S_n - n$, la différence entre le nombre de fois où face est sorti et le nombre de fois où pile est sorti, jusqu'au n-ième jeu inclus, il est alors possible de démontrer que, *avec probabilité 1, la suite* $T_1, \ldots, T_n$ *passe une infinité de fois par 0.*

La stratégie du joueur est alors la suivante. Il observe $T_1, \ldots, T_k$ jusqu'à ce que se produise un excédent de T_k (relativement à 0) d'un niveau fixé à l'avance, tel que, par exemple, $T_k = 5$ (excédent de 5 faces sur les piles). Le parieur joue alors *la compensation,* en misant systématiquement des enjeux identiques sur l'*inverse* de l'excédent observé (ici, il parie sur la sortie future de pile), jusqu'à ce qu'advienne la *compensation,* caractérisée par $T_{n+k} = 0$. Le joueur est alors assuré d'avoir enregistré, à cet instant un gain égal à $T_k = 5$ fois son enjeu de base.

Les inconvénients de ce « système » sont multiples. Tout d'abord, il ne s'agit pas ici de jeux de pile ou face *équilibrés,* mais de jeux de roulette, où, avec une probabilité de 1/37, 2/38 ou autre (sortie du 0 ou 00), les mises sont confisquées, totalement, ou partiellement, par la banque. Ceci fait que le jeu de la compensation sera, en moyenne, perdant à long terme, compte tenu du nombre de fois où la banque confisquera les mises entre le début du jeu et le retour à la compensation. Paradoxalement, le fait de parier sur l'inverse de la compensation (ici, de jouer face) jusqu'à obtenir un montant de gain fixé à l'avance revient, sur le plan probabiliste, *strictement au même* que de « jouer la compensation ». Il ne s'agit donc là que d'un support psychologique n'apportant aucune garantie particulière. Enfin, les fluctuations de T_{k+m}, pour $m = 1, 2, \ldots$, avant son retour au niveau 0, peuvent être suffisamment importantes pour ruiner un joueur ne disposant pas d'une fortune au moins égale à celle du casino, et, qui plus est, nécessiter un temps d'attente considérable.

Nous ne manquerons pas plus loin (voir le chap. XIII) d'évoquer plus en détail les jeux de casino, notamment pour préciser certains aspects de leur structure probabiliste. Nous

nous poserons la question que tout joueur se pose, à savoir, s'il est réellement possible d'y gagner de l'argent à l'aide d'un *système,* ou d'une *martingale.* La réponse que nous donnerons à cette interrogation sera à peu près la suivante : *il est possible, à condition de risquer beaucoup, de gagner peu, avec une quasi-certitude, à condition de ne le faire qu'une fois, et de ne jamais recommencer.* Nous verrons d'ailleurs que *le plus intelligent est encore de ne pas jouer du tout,* ce qui se démontre par un raisonnement mathématique sans ambiguïté, mais qui ne dissuadera, sans doute pas, les joueurs les plus passionnés.

Pour rendre plus intuitive la signification des événements de probabilité nulle, considérons, à nouveau, un jeu infini de « pile ou face », et posons-nous le problème de savoir s'il est possible de répertorier toutes les réalisations théoriquement possibles du jeu, c'est-à-dire l'ensemble de toutes les suites infinies de F et de P, dans un catalogue indexé par les nombres entiers 1, 2, 3, ... Un ensemble pouvant être ainsi numéroté est dit *dénombrable* (pouvant être dénombré). Physiquement, les *ensembles dénombrables* sont les seuls qui soient *humainement accessibles,* en ce que, prêtant à l'humanité une durée de vie infinie, il lui serait toujours possible, par éliminations successives, de retrouver au bout d'un temps assez long un élément donné « perdu » dans l'ensemble.

Il se trouve, précisément, que l'ensemble des suites infinies de P ou F ou, de manière équivalente, *l'ensemble des cas possibles dans un jeu infini de pile ou face, n'est pas dénombrable.*

Pour le montrer, utilisons l'argument de Cantor (1845-1918), consistant à supposer la chose possible, et réalisée dans un tableau, tel celui de la figure 2.

1	**P**	F	F	P	F	P	...
2	F	**P**	F	P	P	F	...
3	P	F	**P**	F	F	P	...
4	P	P	F	**P**	F	F	...
5	F	F	P	P	**F**	P	...

Fig. 2

Il suffit alors de prendre la diagonale, ici PPPPF..., et de considérer son opposé, ici FFFFP..., qui n'appartient pas au tableau, contredisant l'hypothèse de dénombrabilité.

Le jeu de « pile ou face » est un cas particulier de phénomène aléatoire composé d'un ensemble de réalisations possibles *échangeables,* c'est-à-dire pouvant être permutées par une transformation *bijective* (où chaque objet de l'ensemble image est le transformé d'un objet unique de l'ensemble de départ) quelconque, sans modification de la structure probabiliste.

Lorsqu'un phénomène aléatoire a un ensemble de réalisations possibles échangeables, les seules possibilités sont obtenues lorsque :

1 / *Il n'y a qu'un nombre fini de cas possibles équiprobables* (de même probabilité).

2 / *L'ensemble des cas possibles est non dénombrable, chaque cas ayant une probabilité nulle.*

En effet, s'il existait un dénombrement $\omega_1, \omega_2, \ldots, \omega_n, \ldots$ des *événements élémentaires,* la probabilité $P(\omega_i) = p$ de chacun d'entre eux ne dépendrait pas $i = 1, 2, \ldots$ Ces événements étant disjoints, on devrait alors avoir l'inégalité $P(\omega_1 \cup \ldots \cup \omega_n) = P(\omega_1) + \ldots + P(\omega_n) = np \leq 1$. Cette propriété ne peut avoir lieu pour tout $n \geq 1$, que si $p = 0$. Si c'est le cas les propriétés de la probabilité impliquent que $P(\cup_{i=1}^{\infty} \omega_i) = \sum_{i=1}^{\infty} P(\omega_i) = 0$ ce qui est impossible, car $P(\cup_{i=1}^{\infty} \omega_i) = 1$.

Cet exemple illustre bien le fait que *la notion de probabilité est intimement liée à la notion de dénumérabilité.* Compte tenu de ce qui précède, on peut dire que :

Un événement de probabilité nulle peut être interprété intuitivement comme un événement trop petit pour qu'on puisse l'atteindre par une énumération dénombrable des événements observables élémentaires.

Dans le cas particulier du jeu de « pile ou face », ce principe exprime que : *si tous les hommes ayant existé ou devant naître jouaient chacun pendant un temps infini au jeu de pile ou face, ils n'arriveraient pas à observer tous les cas possibles, et l'ensemble des suites ainsi observées ne composerait qu'une partie de probabilité nulle de l'ensemble de toutes les suites théoriquement imaginables.*

Ceci permet un peu mieux de comprendre le principe de l'*impossibilité physique d'observer des événements de probabilité nulle*. Un tel événement dans un univers mathématique incommensurablement vaste est impossible à retrouver par des moyens à la portée humaine. C'est un peu l'idée de l'aiguille dans la meule de foin, à ceci près qu'une meule de foin compose encore un ensemble fini.

Dans le cas de la loi des grands nombres, décrivant la convergence des fréquences vers 1/2 dans le jeu de pile ou face, cette propriété exprime simplement que l'ensemble des suites infinies X_1, X_2, …, de 1 et 0, de sommes partielles $S_n = X_1 + \ldots + X_n$, telles que S_n/n ne converge pas vers 1/2, est de probabilité nulle, c'est-à-dire « très petit » par rapport aux suites telles S_n/n converge vers 1/2. On aurait imaginé plus volontiers l'inverse, à savoir que l'ensemble des suites telles que S_n/n ne converge pas vers 1/2 (il y a une variété considérable d'autres possibilités) serait « plus grand » que l'ensemble des suites telles que S_n/n converge vers 1/2. Sous cette forme, le résultat paraît très surprenant. Cependant, comme nous le verrons au chapitre V, tout s'explique naturellement à l'aide de la notion de « nombre normal », due au mathématicien français Émile Borel (1871-1956).

Chapitre II

LES DÉBUTS DU CALCUL DES PROBABILITÉS, FORTUNE ET RUINE DU CHEVALIER DE MÉRÉ

Nous avons déjà remarqué l'influence très grande que le *jeu* avait eue sur la naissance historique du calcul des probabilités. En définissant, au cours d'un jeu, la probabilité des événements comme le rapport du nombre de cas (élémentaires) possibles sur le nombre total des cas (élémentaires), on peut évaluer numériquement les « chances de gain » des adversaires en présence.

Dans un jeu de pile ou face, il y a deux possibilités, F et P, chacune de probabilité 1/2 ; pour un dé, il y en a six, 1, 2, 3, 4, 5, ou 6, chacune de probabilité 1/6 ; dans un jeu de cartes, le nombre de possibilités devient considérable, puisqu'il y a $52! = 52 \times 51 \times \ldots \times 2 \times 1$ manières différentes de mélanger le jeu dans l'ordre (c'est un nombre « astronomique » voisin de $8{,}0658 \times 10^{67}$).

Même si on se limite à la définition brute de la probabilité, il est bien évident que, dans le cas d'un jeu entre deux adversaires, et à mises égales, la situation sera toujours plus favorable à celui des deux dont la probabilité de gain est la plus forte.

Si on considère des jeux où le nombre de possibilités distinctes est très important, il devient parfois très délicat ou même matériellement impossible d'évaluer des probabilités par simple énumération. Ainsi, l'âge de l'Univers ne serait pas suffisant pour compter à la vitesse d'un cas par seconde le nombre de possibilités distinctes de mélanger, dans l'ordre, un jeu de cartes (15 milliards d'années ne correspondent qu'à, environ, $4{,}7304 \times 10^{17}$ secondes, et il en faudrait ici près de 10^{50} fois plus...).

On s'explique ainsi pour quelles raisons les joueurs ont demandé aux mathématiciens de résoudre par le calcul ce qu'ils ne pouvaient évaluer eux-mêmes par des dénombrements directs. Parmi ces joueurs, l'un d'entre eux a eu une influence déterminante sur l'évolution historique de la théorie probabiliste.

Le chevalier de Méré, homme de lettres et philosophe, vécut de 1607 à 1684. Personnage marquant à la Cour, sous le règne de Louis XIV, il a acquis auprès des historiens la réputation d'avoir été un joueur impénitent, bien que sa correspondance avec les savants de son époque, notamment Roberval, Fermat et Pascal, le fasse davantage apparaître comme un esprit curieux que comme un habitué des jeux de hasard. Il se trouve, cependant, que son intérêt pour ces questions, ainsi que le fruit des discussions qu'il a eues sur ce sujet avec Pascal en font un précurseur essentiel du calcul des probabilités modernes.

Est-ce le fait d'une réputation apocryphe, ou de la réalité ? Toujours est-il qu'on lui prête la recherche incessante de règles compliquées lui permettant de réaliser un avantage caché sur ses adversaires, et assurant de ce fait sa fortune.

Une de ces règles dont il fut l'inventeur consiste à faire rouler 4 dés, et à parier sur l'apparition d'au moins un 6. La probabilité de perdre le pari est alors de :

$$(5/6)^4 = 625/1\,296 \cong 48{,}225\ \%.$$

De manière duale, la probabilité de gain est égale à $671/1\,296 \cong 51{,}775\ \%$. La différence avec les 50 % d'un jeu équilibré est faible, et de l'ordre de celle du casino à la roulette ($19/37 \cong 51{,}351\ \%$). Elle est peu décelable dans un petit nombre de parties, mais apte à fournir au parieur, à long terme, des gains assurés.

Une autre règle dont le chevalier de Méré assuma la paternité consiste à lancer 2 dés 24 fois, tout en pariant sur l'apparition de deux 5 au moins une fois. Il semble bien que le chevalier ait fait là une erreur, puisque la probabilité de gain est égale à $1 - (35/36)^{24} \cong 49{,}14\ \%$, alors que, s'il avait choisi 25 lancers au lieu de 24, la probabilité de gain aurait été de $1 - (35/36)^{25} \cong 50{,}553\ \%$ et le jeu gagnant ! À la décharge du chevalier de Méré, on reconnaîtra qu'il est un peu pénible d'évaluer cette probabilité sans erreur « à la main ». La légende affirme que la première règle fit sa fortune, tandis que la seconde le mena à la ruine. La réalité n'est sans doute pas si simple, mais cette légende illustre bien le problème.

À la lumière de ces chiffres, on constate que les probabilités ne peuvent pas toujours être devinées par l'intuition. Les exemples suivants de jeux, à la manière du chevalier de Méré, conforteront encore cette conclusion.

Le premier de ces jeux permet de gagner facilement des paris sur des auditoires peu informés. Dans un groupe de n personnes, il s'agit de parier qu'il y en a au moins deux ayant le même jour anniversaire dans l'année. En admettant que les naissances soient réparties uniformément sur 365 jours (et de fait la situation est encore plus favorable au parieur si elles sont plus denses dans certaines périodes), et en négligeant les problèmes d'années bissextiles, la probabilité P_n de gagner le pari est donnée par la formule :

$$P_n = 1 - \left(\frac{365-1}{365}\right) \times \left(\frac{365-2}{365}\right) \times \ldots \times \left(\frac{365-n+1}{365}\right),$$

expression difficile à évaluer du premier coup d'œil ! Certaines valeurs numériques de P_n sont données, ci-dessous, dans le tableau :

n	P_n	n	P_n	n	P_n
2	0,27 %	12	16,70 %	22	47,57 %
3	0,82 %	13	19,44 %	23	50,73 %
4	1,64 %	14	22,31 %	24	53,83 %
5	2,71 %	15	25,29 %	25	56,87 %
6	4,05 %	16	28,36 %	…	
7	5,62 %	17	31,50 %		
8	7,43 %	18	34,69 %		
9	9,46 %	19	37,91 %	30	81,44 %
10	11,69 %	20	42,14 %	40	89,12 %
11	14,11 %	21	44,37 %	50	97,04 %

Il est étonnant d'y constater que la probabilité P_n dépasse 50 % dès que le nombre n de personnes en présence dépasse ou égale 23. Il est également très indiqué de parier des sommes importantes au-delà de $n = 50$...

L'exemple suivant est connu sous le nom de *problème des portemanteaux,* ou des *coïncidences*. Il suppose que n personnes soient allées écouter une conférence, en laissant, pendus sur des patères, leurs manteaux à l'extérieur de la salle. Un farceur les jette à terre, puis, saisi de remords, remet le tout en place au hasard. Quelle est la probabilité p_n que l'un au moins des auditeurs retrouve son manteau exactement là où il l'a laissé ?

La conclusion est assez surprenante, puisqu'on obtient que (avec la notation $k\,! = k \times (k-1) \times ... \times 2 \times 1$)

$$p_n = 1 - \frac{1}{2\,!} + \frac{1}{3\,!} - ... + \frac{(-1)^{n+1}}{n\,!} \rightarrow 1 - e^{-1}$$

$$\cong 63{,}21\ \%, \text{ lorsque } n \rightarrow \infty.$$

[La démonstration de cette formule peut se faire par l'*identité de Poincaré* :

$$P(\cup_{i=1}^{n} A_1) = Q_1 - Q_2 + Q_3 - ... + (-1)^{n+1} Q_n,$$

où $$Q_n = \sum_{1 \leq j_i < ... < j_k \leq n} P(A_{j1} \cap ... \cap A_{jk}),$$

appliquée aux événements A_i = { le *i*-ème auditeur retrouve son manteau }.]

Ce résultat peut être appliqué à de multiples situations, et exprime le principe général que les coïncidences sont parfois beaucoup plus probables qu'on pourrait le croire *a priori*. On peut parier dessus avec de fortes chances de gagner.

Pour revenir au chevalier de Méré, l'une de ses questions permit à Pascal d'inventer, en 1654, le célèbre *triangle arithmétique* (ou *triangle de pascal)* permettant de calculer par addition les coefficients du binôme :

$$\binom{p}{q} = C_q^p = \frac{p\,!}{q\,!(p-q)\,!} = \frac{p(p-1)...(p-q+1)}{q(q-1)...1}$$

$$= \left\{ \begin{array}{l} \text{Nombre de combinaisons de } q \text{ éléments} \\ \text{prises dans un ensemble de } p \text{ éléments} \end{array} \right\}$$

Le chevalier de Méré posa, en effet, le problème suivant : « Deux joueurs (A) et (B), jouent une suite de parties à pile ou face. Le premier joueur à avoir gagné un total de N parties emporte la totalité S de la mise. On suppose que, pour un motif extérieur, les joueurs décident d'interrompre le jeu avant la fin. (A) ayant encore besoin de gagner *m* parties pour emporter la mise, et (B) ayant encore besoin de gagner n parties, comment faut-il alors partager équitablement la mise S entre (A) et (B) ?

Ce *problème de partage des mises* ne pouvait être résolu qu'en énumérant le nombre de configurations possibles N(A) où (A) gagne, le nombre de configurations possibles N(B) où (B) gagne puis en répartissant S en proportion de ces nombres, affectant :

$$P(A) \times S \text{ à } (A) \text{ et } P(B) \times S \text{ à } (B),$$

avec :

$$P(A) = \frac{N(A)}{N(A)+N(B)} \text{ et } P(B) = \frac{N(B)}{N(A)+N(B)}.$$

On reconnaît dans P(A) et P(B) les probabilités respectives de gain de (A) et (B).

Cette solution fut obtenue par énumération par Fermat dans un cas particulier, puis dans le cas général par Pascal en 1654.

Comme il faut au plus $m + n - 1$ parties avant d'aboutir à la décision finale (en effet, si (A) gagne (B) n'a pu gagner au plus que $m - 1$ fois avant, et *vice versa*), les nombres N(A) et N(B) sont ici donnés par :

$$N(A) = \binom{m+n-1}{0} + \binom{m+n-1}{1} + \ldots + \binom{m+n-1}{n-1},$$

$$N(B) = \binom{m+n-1}{0} + \binom{m+n-1}{1} + \ldots + \binom{m+n-1}{m-1},$$

la somme N(A) + N(B) étant égale à $(1 + 1)^{n+m-1} = 2^{m+n-1}$, nombre total de parties possibles restantes. Ainsi, si (A) a besoin de 2 jeux pour gagner, et (B) de 3 jeux, N(A) = 1 + 4 + 6, N(B) = 1 + 4, et on donnera donc à (A) les 11/16 de S, et à (B) les 5/16 de S (et non pas, comme on pourrait le croire naïvement, 3/5 et 2/5 de S).

L'expression analytique des coefficients du binôme étant inconnue à l'époque, Pascal en avait obtenu le calcul à l'aide du triangle arithmétique (fig. 3). On obtient par exemple :

$$\binom{5}{3} = \frac{5 \times 4 \times 3}{3 \times 2 \times 1} = 10 = 6 + 4,$$

et de même tous les coefficients se calculent, en sommant les deux termes de la ligne du dessus, situés au dessus et à gauche du nombre cherché (voir fig. 3). Le triangle de Pascal est obtenu en plaçant à la ligne i et à la colonne j le coefficient du binôme $\binom{i}{j}$. Les entiers i, j peuvent, ici, être nuls, en posant, par convention, $0\,! = 1$.

1					
1	1				
1	2	1			
1	3	3	1		
1	4	6	4	1	
1	5	10	10	5	1

Fig. 3. – Le triangle de Pascal

Ce qui nous intéresse ici est que, dans ce calcul, apparaît pour la première fois *l'idée de gain probable, ou d'espérance de gain.* On affecte, en effet, aux joueurs *la part de la mise qu'ils peuvent espérer gagner,* compte tenu de leurs probabilités de gain respectives.

Chapitre III

ESPÉRANCE DE GAIN DANS UN JEU DE HASARD ; LOI DES GRANDS NOMBRES DE BERNOULLI

Nous avons vu apparaître, au chapitre II, dans le *problème de partage des mises* un cas particulier très simple de calcul d'*espérance de gain*. Dans un jeu de hasard plus général, dont les différentes possibilités sont de : gagner S_1 avec probabilité p_1, S_2 avec probabilité p_2, ..., S_k avec probabilité p_k, avec :

$$p_1 + \ldots + p_k = 1,$$

le gain obtenu étant symbolisé par X est un *nombre aléatoire* (on dira une *variable aléatoire*), dont on définira l'*espérance* (ou *espérance mathématique),* notée E(X), par la somme pondérée :

$$E(X) = p_1\ S_1 + \ldots + p_k\ S_k.$$

Ainsi, dans le problème du chevalier de Méré, le joueur (A) reçoit son *espérance de gain,* égale à :

$$0 \times (1 - P(A)) + S \times P(A) = S \times P(A).$$

La notion d'*espérance* a été initialement introduite par Huygens en 1657, dans son traité *De Ratiociniis in Aleae Ludo (De la logique du jeu de dé)*. Le nom d'*espérance* y apparaît en latin sous le nom de *« expectatio »,* avec l'interprétation d'être « le juste prix auquel un joueur accepterait de céder sa place dans une partie ».

L'interprétation de Huygens est très suggestive pour comprendre la notion d'espérance, mais elle recèle bien des pièges. En fait, il vaut mieux considérer l'*espérance* comme un opérateur mathématique, plutôt que comme le calcul, obtenu logiquement à partir de l'idée empirique de la « valeur estimée » ou « escomptée » d'un gain. Pour ces raisons, l'espérance, telle que nous l'avons définie, et par opposition à d'autres définitions possibles, est appelée *espérance mathématique*.

Il est, en effet, très facile de construire des exemples où l'espérance mathématique ne coïncide pas avec la valeur intuitivement escomptée du gain. Considérons, par exemple, deux joueurs (A) et (B), jouant un jeu où (A) mise 1 million d'euros avec une probabilité de 1/1 000 de perdre, et (B) mise 1 000 €, avec une probabilité de 999/1 000 de perdre. Ces deux joueurs ont des espérances mathématiques de gain quasiment identiques (soit 1 000 € pour (B) et 999 € pour (A)). En termes d'espérance, la situation est donc sensiblement en faveur de (B). Il n'en demeure pas moins que la position de (A), qui est pratiquement assuré de gagner la partie (avec une probabilité de 99,9 %), paraît nettement plus favorable que celle de (B).

Un des exemples les plus célèbres de cas où la notion d'espérance s'adapte mal à l'idée de gain escomptée est le *paradoxe de Saint-Pétersbourg,* posé par Nicolas Bernoulli à Montmort en 1713 et repris par Daniel Bernoulli en 1738. Ce paradoxe a ensuite été étudié par Laplace (1749-1827), Poisson (1781-1840), Bertrand (1822-1900), Borel (1871-1956), et plus récemment, par Feller (1950) et Martin-Löf (1985) (*J. Appl. Probab., 22,* 634-646). Le jeu de Saint-Pétersbourg se joue entre deux adversaires (A) et (B). Le joueur (A) reçoit initialement une somme forfaitaire de S unités de compte, tandis que le gain de (B) dépend du résultat d'une suite de jeux de pile ou face : si (B) gagne les n premières parties mais perd la $(n + 1)$-ième, il reçoit 2^n unités de compte. Ainsi (B) misant sur pile et (A) sur face, si les jeux successifs sont :

F	B reçoit	1 unité,	A reçoit S ;
PF	B reçoit	2 unités,	A reçoit S ;
PPF	B reçoit	4 unités,	A reçoit S ;
PPPF	B reçoit	8 unités,	A reçoit S ;
PPPPF	B reçoit	16 unités,	A reçoit S.

...

Le problème est alors de *déterminer le forfait* S *de* (A) *pour que le jeu soit équitable.*

La solution logique voudrait que les espérances de gain des deux joueurs soient rendues égales. Or, ceci est impossible puisque *l'espérance du gain de* (B) *est infinie* (car égale à $1 \times (1/2) + 2 \times (1/4) + \ldots + 2^n \times 2^{-n-1} + \ldots$). *Le forfait* S *de* (A) *devrait donc être infini pour que le jeu soit équilibré.*

Ceci n'est cependant pas proprement *équitable*. Par exemple si on fixe le forfait de (A) à S = 1 024 = 2^{10} (B) ne peut gagner une somme supérieure au forfait S de (A) qu'avec une probabilité de :

$$2^{-10} = 1/1\,024,$$

ce qui fait que (A) est pratiquement assuré de réaliser un gain meilleur que celui de (B), si la partie ne se déroule qu'une seule fois. Il y a donc bien, en apparence, un paradoxe, puisque la solution logiquement équitable favorise à l'excès le joueur (A) par rapport au joueur (B).

Une façon très simple de résoudre ce « paradoxe » serait de dire qu'il est tout bonnement impossible de rendre le jeu mathématiquement équitable. Ce n'est pourtant pas satisfaisant, car, partant du principe que toute chose a un prix, on se doute bien qu'il doit y avoir un autre moyen d'évaluer le forfait S que par un calcul d'espérance.

La meilleure solution « humaine » du paradoxe de Saint-Pétersbourg a, sans doute, été donnée, dès 1738, par Daniel Bernoulli (dans son traité : *Specimen Theoriae Novae de Mensura Sortis : Exposé d'une théorie nouvelle de l'évaluation du risque*). Daniel Bernoulli part du principe que l'*utilité du gain d'un joueur n'a de sens que rapportée à sa fortune*. Ainsi un joueur disposant d'une fortune α apprécie un gain $d\alpha$ proportionnellement au rapport $(d\alpha)/\alpha$ et non, proportionnellement à $d\alpha$.

Ainsi, si un joueur (C) dispose d'une fortune initiale α et se livre à un jeu où son gain (ou sa perte comptée négativement) est un nombre aléatoire X, Daniel Bernoulli définit *l'utilité moyenne* du jeu par l'expression (où log u désigne le logarithme néperien (en base e) de u) :

$$U(\alpha, X) = \alpha E(\log((X + \alpha)/\alpha)),$$

et où E(.) désigne l'espérance mathématique. Lorsque α devient très grand, $\alpha \log((X + \alpha)/\alpha)$ tend vers X, l'utilité moyenne $U(\alpha, X)$ devient alors voisine de l'espérance mathématique.

Prolongeant ce raisonnement, Daniel Bernoulli définit *l'espérance morale* $E_M(X, \alpha)$ du jeu, comme la valeur définie par l'identité :

$$\alpha \log((E_M(X, \alpha) + \alpha)/\alpha) = U(\alpha, X) = \alpha E(\log(X + \alpha)/\alpha).$$

Dans le cas où $X = S_1$ avec probabilité p_1, $X = S_2$ avec probabilité p_2, …, et ainsi de suite, ces formules mènent à définir l'espérance morale du jeu par la formule :

$$E_M(X, A) = \left\{ \alpha \left(1+\frac{S_1}{\alpha}\right)^{p_1} \times \ldots \times \left(1+\frac{S_k}{\alpha}\right)^{p_k} \times \ldots \right\} - \alpha.$$

Dans le jeu de Saint-Pétersbourg, le joueur (B), disposant d'une fortune β a une espérance morale égale à :

$$E_M(X, B) = P(\beta) - \beta$$
$$= \{(\beta + 1)^{1/2} \times (\beta + 2)^{1/4} \times \ldots \times (\beta + 2^p)^{2^{-p}} \times \ldots) - \beta.$$

Pour rendre le jeu équitable, en offrant à (A) un forfait égal à l'espérance morale de (B), il faudrait donc que ce forfait s'établisse à $P(\beta) - \beta$ unités. Par exemple, pour $\beta = 0$, $P(\beta) - \beta = 2$, pour $\beta = 10$, $P(\beta) - \beta \sim 3{,}04$, pour $\beta = 100$, $P(\beta) - \beta \sim 4{,}38$, pour $\beta = 1\,000$, $P(\beta) - \beta \sim 5{,}97$.

Malheureusement, si le raisonnement paraît excellent pour (B), il semble beaucoup moins en faveur de (A), puisqu'on constate que, si la fortune α de (A) est finie, sa ruine est possible avec une probabilité non nulle, alors que son espérance morale se trouve être infinie négative. On peut ainsi reprocher à la notion d'espérance morale, *qui ne respecte plus la symétrie entre les joueurs*. En fait, la notion d'espérance morale, aujourd'hui, est plus ou moins abandonnée au profit de celle de l'espérance mathématique, malgré son intérêt réel socio-économique.

Il existe d'autres approches, plus modernes, du jeu de Saint-Pétersbourg que nous évoquons brièvement. Au cours de n parties identiques, le gain S_n de (B) vérifie la loi limite $S_n/(n \text{ Log } n) \to 1$ (en probabilité lorsque $n \to \infty$). Ici, $\text{Log } n = (\log n)/\log 2$ désigne le logarithme en base 2 de n (voir W. Feller (1950)). On peut alors se servir de cette propriété pour obtenir une autre évaluation du forfait de (B) (voir S. Csörgö et R. Dodunekova (1991), *Sums, Trimmed Sums and Extremes,* Bâle, Birkhäuser).

Des « paradoxes » comme celui du jeu de Saint-Pétersbourg ne sont, en fait, paradoxaux, que dans la mesure où ils mélangent, parfois de manière inextricable, des notions mathématiques rigoureuses avec des interprétations physiques hasardeuses.

Daniel Bernoulli (1700-1782) fut membre d'une famille de savants dont les plus connus ont été, outre lui-même, son père Jean Bernoulli (1667-1748) (inventeur de la lemniscate), et son oncle Jacques Bernoulli (1645-1705) (inventeur des nombres de Bernoulli).

Une étape majeure fut franchie, dans le cours de l'évolution du calcul des probabilités, par la publication posthume en 1713 de l'œuvre de Jacques Bernoulli, *Ars Conjectandi,* ou *L'art de la conjecture.* Dans ce livre était exposée la première démonstration rigoureuse de la *loi faible des grands nombres.* On y considère une suite $X_1, \ldots, X_n, \ldots$, de variables aléatoires indépendantes, pouvant chacune prendre la valeur 1 avec probabilité p, et la valeur 0 avec probabilité $1 - p$. La somme partielle de ces observations,

$$S_n = X_1 + \ldots + X_n,$$

s'interprète comme le nombre de fois que X_i prend la valeur 1 lorsque i varie de 1 à n. La loi faible des grands nombres exprime alors que, pour tout nombre $\varepsilon > 0$ fixé, la probabilité $P(|S_n/n - p| > \varepsilon)$ tend vers 0 lorsque n tend vers l'infini.

Cette loi exprime que la fréquence S_n/n d'apparition d'un événement dans une répétition d'épreuves tend vers la probabilité p d'observer cet événement dans une seule parmi ces épreuves.

On remarquera que cette version de la loi des grands nombres est plus faible que celle que nous avions évoquée, exprimant que, sous les hypothèses précédentes, $S_n/n \to p$ avec probabilité 1. Cette dernière version est appelée *loi forte des grands nombres,* tandis que celle de Bernoulli est connue sous le nom de *loi faible des grands nombres.*

Une des preuves du caractère non trivial de ces deux résultats peut être trouvée dans le fait qu'il s'est écoulé, environ, 215 ans entre la démonstration des deux lois, *faible* et *forte* des grands nombres. La loi forte des grands nombres n'a été, en effet, prouvée, qu'en 1930, sous sa forme finale, par A. N. Kolmogorov (1903-1987).

La loi des grands nombres de J. Bernoulli ne fournit pas de renseignement précis sur la vitesse de convergence de $P(| S_n/n - p | > \varepsilon)$ vers 0. Ce problème n'a été, en fait, résolu qu'en 1718 par Abraham de Moivre (1667-1754) dans son traité : *La Doctrine des Chances,* et repris, en 1730, dans son ouvrage : *Miscellanea Analytica de Seriebus et Quadraturis (Analyses Diverses de Séries et de Quadratures).* Les démonstrations de A. de Moivre furent reprises et quelque peu améliorées par Pierre-Simon de Laplace (1749-1827) dans son traité : *Théorie Analytique des Probabilités,* publié en 1812, où il omettait de faire référence à de Moivre (1667-1754). Ceci fait que les résultats correspondants sont, le plus souvent attribués à Laplace, au lieu de l'être à leur inventeur initial.

De Moivre avait, dans sa démonstration, utilisé un développement asymptotique de $n! = n(n-1) \ldots 2 \cdot 1$ pour évaluer la probabilité $P(S_n = k) = \binom{n}{k} p^k (1-p)^{n-k}$. Compte tenu de sa formule, il pouvait déduire la première version du *théorème central limite* prouvant que, pour tout $-\infty < a < b < \infty$ fixés (avec $p \neq 0$ ou 1) :

$$\lim_{n \to \infty} P\left(a < \frac{S_n - np}{\sqrt{np(1-p)}} \leq b \right) = \frac{1}{\sqrt{2\pi}} \int_a^b e^{-t^2/2} \, dt.$$

Le résultat obtenu ainsi par de Moivre-Laplace implique la loi des grands nombres de J. Bernoulli et précise la loi de probabilité limite du rapport $(S_n - np)/\sqrt{np(1-p)}$.

On observe, ici, la fameuse *loi de Gauss,* ou *loi normale,* ou *loi de Laplace-Gauss.* Cette loi, correspondant à une densité communément appelée « courbe en cloche » (fig. 4) est, communément, attribuée à Gauss plutôt qu'à Laplace, car Gauss (1777-1855) prouva en 1821 (dans son traité : *Theoria Combinationis Observationum Erroribus Minimus Obnoxiae,* Théorie de la combinaison d'erreurs de faible amplitude) qu'elle était, dans un cadre plus général, la limite de la loi de probabilité d'une somme d'erreurs aléatoires indépendantes de faible amplitude, lorsque leur nombre devenait infiniment grand. Il apparaissait ainsi que les résultats dû à de Moivre et à Laplace n'étaient qu'un cas particulier d'une convergence plus générale, où la *loi normale* jouait un rôle universel.

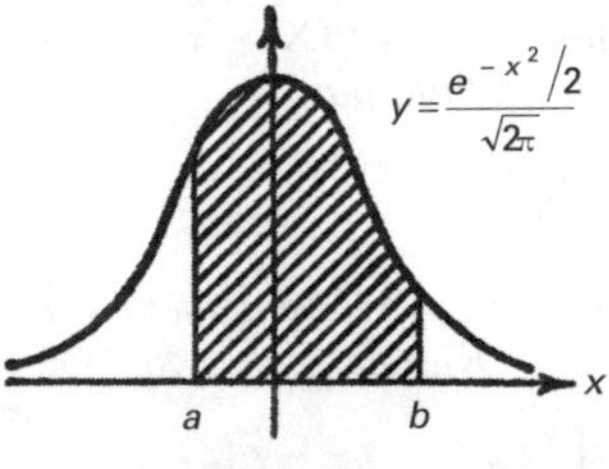

Fig. 4. – La courbe de Gauss (en hachuré $\int_a^b y dx$)

La loi des grands nombres de J. Bernoulli, précisée ci-dessus par le *théorème central limite,* exprime la convergence dite *faible* ou *en probabilité* de la suite S_n/n vers la valeur commune de l'espérance $E(X_i) = p$, pour $i = 1, 2, \ldots$, des variables de la sommation.

Considérons plus généralement, au lieu de variables aléatoires X_i prenant les valeurs 1 ou 0, des variables X_i prenant la valeur x_1 avec probabilité $p_1, \ldots, x_k$ avec probabilité p_k, où $p_1, \ldots, p_k$ sont des nombres positifs ou nuls, tels que $p_1 + \ldots + p_k = 1$.

En traitant, successivement, les fréquences des observations de $x_1, \ldots, x_k$, il est possible de déduire de la loi des grands nombres de J. Bernoulli, précédemment énoncée pour le jeu de « pile ou face », qu'on a, plus généralement :

$$\lim_{n \to \infty} P\left(\left| \frac{1}{n} \sum_{i=1}^{n} X_i - E(X) \right| > \varepsilon \right) = 0, \text{ pour tout } \varepsilon > 0,$$

où $E(X) = p_1 x_1 + \ldots + p_k x_k$ désigne l'*espérance mathématique* de la variable aléatoire $X := X_1$ (on note $A := B$, lorsque le membre de gauche A est défini par le membre de droite B).

Ce résultat n'est encore qu'un cas particulier, énoncé sous une forme affaiblie, de la *loi forte des grands nombres* due à Kolmogorov (1930) (A. N. Kolmogorov (1930), *Sur la loi forte des grands nombres,* Comptes rendus de l'Académie des sciences, Paris, 191, 910-912), dont nous présentons maintenant l'énoncé le plus général.

Soit $X_1, X_2, \ldots$, *une suite infinie de variables aléatoires réelles indépendantes et de même loi de probabilité, définie par sa fonc-*

tion de répartition $F(x) = P(X_1 \leq x)$. *Alors, la limite de la moyenne d'ordre n, définie par*

$$\ell = \lim_{n \to \infty} \left\{ \frac{1}{n} \sum_{i=1}^{n} X_i \right\},$$

existe avec probabilité 1, si et seulement si l'espérance de la valeur absolue de $X := X_1$, *soit*

$$E(|X|) = \int_{-\infty}^{\infty} |x| dF(x),$$

est finie. Dans ce cas, on a, nécessairement,

$$\ell = \lim_{n \to \infty} \left\{ \frac{1}{n} \sum_{i=1}^{n} X_i \right\} = E(X) = \int_{-\infty}^{\infty} x dF(x).$$

L'expression ci-dessus, qui définit l'espérance mathématique d'une variable aléatoire X, généralise les exemples simples décrits antérieurement, en lui donnant un sens, en tant qu'*intégrale de Lebesgue-Stieltjes* (notions dues à Henri-Léon Lebesgue (1875-1941), et Thomas-Joannes Stieltjes (1856-1894)). Une façon explicite de définir une telle intégrale est donnée par la formule :

$$E(X) = \int_{-\infty}^{\infty} x dF(x) = \lim_{\substack{M \to \infty \\ N \to \infty}} \left\{ \lim_{n \to \infty} \sum_{k=-nM}^{nN} \frac{k}{n} (F((k+1)/n) - F(k/n)) \right\}.$$

Il ne s'agit que d'une généralisation aux variables aléatoires quelconques de la définition de l'espérance pour les variables aléatoires prenant leurs valeurs dans un ensemble dénombrable $\{x_i, i = 1, 2, \ldots\}$, et qui aurait été définie dans ce cas par :

$$E(X) = \sum_{i \geq 1} x_i P(X = x_1).$$

L'espérance mathématique d'une variable aléatoire X *est donc la limite avec probabilité 1 de moyennes de répliques indépendantes de même loi que* X, *lorsque leur nombre tend vers l'infini.*

L'énoncé, ci-dessus, de loi des grands nombres permet de comprendre les interprétations erronées dont a fait l'objet la notion d'espérance mathématique. Dans un jeu, l'espérance du gain n'est rien d'autre que la limite de la moyenne des gains observés « sur un grand nombre de parties ». Ce que signifie « un grand nombre de parties » est évidemment le point essentiel. Dans l'exemple que nous avions évoqué, d'un jeu où (A) mise

1 million d'euros avec probabilité de perdre 1/1 000, et (B) mise 1 000 €, avec probabilité de perdre 999/1 000, l'espérance des gains de (A) est 999 €, tandis que celle de (B) est de 1 000 €. La situation est donc, « à très long terme », favorable à (B), puisque, en supposant qu'on a répété un très grand nombre de parties identiques, (B) serait certain de gagner ; cependant, il est bien évident que, si on se limite à un petit nombre de parties, la situation est nettement plus en faveur de (A).

Il serait injuste, au sujet de tels résultats, de ne pas mentionner Siméon Denis Poisson (1781-1840) qui fut l'auteur du nom de « loi des grands nombres », et qui en obtint dans son traité, *Recherches sur la probabilité des jugements en matière criminelle et en matière civile* (1837), une version très remarquable, citée ci-dessous ;

Au lieu de considérer une suite X_n de variables prenant les valeurs 1 ou 0 avec probabilités p et $1 - p$ (on qualifie souvent d'ailleurs la loi de telles variables du nom de loi de Bernoulli), Poisson considéra des variables indépendantes, mais *de lois pas nécessairement identiques,* telles que, pour $n = 1, 2, \ldots$,

$$P(X_n = 1) = p_n \text{ et } P(X_n = 0) = 1 - p_n.$$

Poisson prouva alors que la conclusion de la loi faible des grands nombres subsistait en remplaçant, dans son énoncé, p par la moyenne $\bar{p}_n = (p1 + \ldots + p_n)$ des « probabilités de succès ». En d'autres termes, la version de Poisson de la loi des grands nombres montre que, pour tout $\varepsilon > 0$, on a :

$$\lim_{n \to \infty} P\left(\left|\frac{1}{n} \sum_{i=1}^{n} X_i - \bar{p}_n\right| > \varepsilon\right) = 0, \text{ pour tout } \varepsilon > 0.$$

On pourrait croire naïvement que le fait de rendre *hétérogène* la distribution des éléments de la suite est apte à rendre inexacte la loi des grands nombres. En fait, il n'en est rien, et, aussi bizarre que cela puisse paraître, c'est le contraire qui se passe. Cette propriété est rendue explicite par un résultat de Wassily Hoeffding (W. Hoeffding (1956), *Annals of Mathematical Statistics, 27,* 713-721) montrant que la probabilité de déviation :

$$P\left(\frac{1}{n} \sum_{i=1}^{n} X_i - \bar{p}_n > \varepsilon\right), \text{ pour } \varepsilon > 1/n,$$

est *maximale,* pour $\bar{p}_n$, fixé, lorsque les p_i sont égaux. En faisant jouer des rôles symétriques aux variables, et en changeant X_i en $1 - X_i$, on obtiendrait de même que :

$$P\left(\frac{1}{n}\sum_{i=1}^{n} X_i - \bar{p}_n < \varepsilon\right), \text{ pour } \varepsilon > 1/n,$$

est *maximale,* pour fixé, lorsque les p_i sont égaux.

En d'autres termes *une fréquence de succès est d'autant plus concentrée autour de son espérance que les probabilités de succès des différentes variables (indépendantes) observées sont hétérogènes.*

Cette propriété inattendue est contraire à l'intuition. Elle montre la puissance de la loi des grands nombres, dont la validité dépasse largement le cas de jeux homogènes. Cette loi est donc peu affectée lorsque l'on y traite de fréquences de phénomènes ayant varié durant l'expérience.

Il importe, au passage, de noter que l'espérance d'une variable aléatoire, *n'est pas toujours définie.* En termes de lois des grands nombres, cette remarque a les conséquences suivantes :

1 / *Si l'espérance d'une variable est infinie, alors la moyenne d'une suite d'événements répétés indépendants converge vers l'infini avec probabilité 1.*

2 / *Si l'espérance d'une variable n'est pas définie (en excluant les cas où elle est infinie), alors la moyenne d'une suite d'événements répétés indépendants ne converge pas vers une limite, lorsque leur nombre croît, et oscille indéfiniment avec probabilité 1.*

Donnons quelques exemples :

1 / *Une martingale classique :* on considère deux joueurs (A) et (B) dans un jeu de pile ou face déséquilibré : (A) gagne avec probabilité $p \leq 1/2$, et (B) gagne avec probabilité $1 - p \geq 1/2$. Ceci se produit lorsque, par exemple (A) est un joueur misant sur pair (ou impair), et son adversaire (B) est le casino. Un « système » permettant, en apparence, d'assurer des gains certains à (A) consiste, pour lui, à miser initialement 1, puis à doubler, à chaque fois sa mise en cas de perte, et en arrêtant finalement la partie au premier gain enregistré (il s'agit de la *martingale, de Hawks*).

On peut schématiser les diverses possibilités du jeu dans le tableau page suivante.

(A) gagne au bout de	*Probabilité*	*Mise nécessaire*	*Gain*
1 jeu	p	1	1
2 jeux	$p(1-p)$	$3 = 1 + 2$	1
3 jeux	$p(1-p)^2$	$7 = 1 + 2 + 4$	1
4 jeux	$p(1-p)^3$	$15 = 1 + 2 + 4 + 8$	1
5 jeux	$p(1-p)^4$	$31 = 1 + 2 + 4 + 8 + 16$	1
:	:	:	:
n jeux	$p(1-p)^{n-1}$	$2^n - 1 = 1 + \ldots + 2^{n-1}$	1
:	:	:	:

On remarquera que la mise requise pour le joueur (A) croît extrêmement vite avec le nombre de jeux nécessaires avant qu'il puisse enregistrer un gain. De ce fait, l'utilisation effective de cette stratégie gagnante est rendue impossible dans la pratique. En effet, la partie s'arrête prématurément, soit parce que le casino impose des mises maximales et minimales, interdisant à (A) de poursuivre sa martingale au-delà d'un certain niveau d'enjeux, soit parce que (A) n'est plus en mesure de couvrir des mises excédant la fortune dont il dispose.

[Nous avons utilisé ici le terme « martingale » pour désigner, selon le vocabulaire des joueurs, un *système de jeu garantissant le gain*. Selon le vocabulaire mathématique, une *martingale* désigne une suite aléatoire X_n dont l'espérance conditionnelle, sachant les éléments précédents X_{n-1}, X_{n-2}, ..., de la suite, est égale à X_{n-1} ; si cette quantité était supérieure à X_{n-1}, on appellerait la suite *sous-martingale,* et inversement, *sur-martingale* si elle était inférieure à X_{n-1}. Ainsi, selon le vocabulaire scientifique, les gains ou pertes cumulés X_n d'un joueur (A) forment une martingale lorsque le jeu est équilibré (dans l'exemple précédent, $p = 1 - p = 1/2$), une sous-martingale si le jeu est en faveur de (A) (soit $p > 1/2$), et d'une sur-martingale si le jeu est en défaveur de (A) (soit $p < 1/2$).]

L'espérance des mises cumulées nécessaires avant d'enregistrer un gain est, en effet, donnée par la formule

$$\text{E(Mise nécessaire)} = \sum_{n=1}^{\infty} (2^n - 1)\, p(1-p)^n.$$

Cette expression est *toujours infinie lorsque* $0 \leq p \leq 1/2$. Ainsi, *même pour un jeu équilibré* ($p = 1/2$), un joueur assez imprudent pour tenter, de manière répétée, de mettre en œuvre un tel système, verrait, par la loi des grands nombres, la moyenne des mises, requises pour continuer le jeu, croître vers l'infini, lui assurant, sur le long terme, une ruine certaine, indépendamment de l'importance initiale de sa fortune.

2 / *La loi de Cauchy :* nous avons décrit la façon logique selon laquelle la loi normale (ou de Laplace-Gauss-de Moivre) apparaissait dans la nature, comme loi de probabilité d'une grandeur aléatoire, s'interprétant comme la somme d'un très grand nombre de petits aléas indépendants. Ce résultat n'est cependant pas toujours vrai. Il suppose en effet que les « petits aléas » vérifient certaines conditions, comme, par exemple, d'être tels que leurs carrés soient d'espérance finie (cette dernière condition peut d'ailleurs encore être sensiblement affaiblie).

On peut se poser plus généralement le problème suivant : étant donné une suite $X_1, \ldots, X_n, \ldots$ de variables aléatoires indépendantes de même loi, quelles sont les distributions limites possibles de $(X_1 + \ldots + X_n - b_n)/a_n$, où $a_n > 0$ et b_n sont des coefficients non aléatoires convenablement choisis ? On reconnaît là une version générale du problème de Gauss, lorsque les X_i désignent les « petits aléas ».

Cette question a son importance, car les distributions ainsi obtenues pourront être considérées comme « naturelles », le procédé permettant de les construire se retrouvant dans toutes sortes de phénomènes physiques.

La solution de ce problème fut obtenue par Paul Lévy en 1937, par l'invention des *lois stables.* Son résultat montre que, si $E(X_i^2)$ est finie, la seule loi limite possible est la loi *normale,* tandis que, autrement, on obtient des lois, dites *stables,* d'expression plus complexe, et dont l'exemple le plus simple est la *loi de Cauchy*. Sous forme standard, X suit une loi de Cauchy, si la probabilité que X soit compris entre *a* et *b* est donnée par

$$P(a < X \leq b) = \int_a^b \frac{dx}{\pi(1+x^2)} = \frac{\text{Arc tg } b - \text{Arc tg } a}{\pi}.$$

Dans le cas général, l'expression de la densité d'une loi stable est fort complexe. Sous forme réduite (avec une échelle convenablement choisie) la densité $f(t)$ d'une loi stable dépend de deux paramètres α et γ, vérifiant $0 \leq \alpha \leq 2$ ($\alpha = 2$ donne la loi normale, $\alpha = 1$ donne la loi de Cauchy comme cas particulier), et $|\gamma| \leq 1 - |1 - \alpha|$. On a, comme ci-dessus,

$$P(a < X \leq b) = \int_a^b f(t)dt,$$

où, posant $\Gamma(r) = \int_0^\infty t^{r-1} e^{-t} dt$ pour $r > 0$ (il s'agit de la *fonction gamma d'Euler,* vérifiant, entre autres, $\Gamma(n) = (n-1)!$ pour n entier), la densité $f(x)$ est donnée par :

– pour $0 < \alpha < 1$:

$$f(x) = \frac{1}{\pi x} \sum_{k=1}^{\infty} \frac{(-1)^{k-1} \Gamma(\alpha k + 1)}{k!} |x|^{-\alpha k} \sin\left\{\frac{k\pi}{2}\left(\gamma + \alpha - \frac{2\alpha}{\pi} \operatorname{Arg}(x)\right)\right\},$$

– pour $1 < \alpha < 2$:

$$f(x) = \frac{1}{\pi x} \sum_{k=1}^{\infty} \frac{(-1)^{k-1} \Gamma(k/\alpha + 1)}{k!} |x|^{k} \sin\left\{\frac{k\pi}{2\alpha}\left(\gamma + \alpha - \frac{2\alpha}{\pi} \operatorname{Arg}(x)\right)\right\},$$

et où, ici, on pose $\operatorname{Arg}(x) = \pi$ si $x > 0$, et $\operatorname{Arg}(x) = 0$ si $x < 0$.

Ces formules ont été obtenues par H. Bergström et W. Feller en 1952. Elles ne constituent pas d'ailleurs les expressions les plus simples qu'on puisse obtenir de ces lois, puisque leurs transformées de Fourier s'expriment de façon relativement moins complexe.

Ces lois de probabilité ont de nombreuses applications. Il y a d'excellentes raisons de croire qu'elles décrivent effectivement tout un ensemble de phénomènes naturels. Parmi ceux-ci, on peut citer aussi bien des grandeurs météorologiques que des fluctuations de cours de bourse. Les modèles apparentés aux lois stables ont été abondamment étudiés dans la littérature scientifique des dernières décennies à la suite, notamment des travaux de Benoît Mandelbrot, qui ont montré leurs liens intimes avec les caractéristiques géométriques d'objets de dimension *non entière* (les *fractals*). Nous renvoyons le lecteur à Mandelbrot (1975), Glieck (1988) et Falconer (1990) pour des détails et références sur le sujet.

Pour les propriétés générales des lois stables, on se référera à Lukács (1970). En ce qui concerne leur analyse statistique, on consultera S. Csörgö, *Adaptative Estimation of the Parameters of Stable Laws,* coll. Math. J. Bolyái, 36, North Holland (1984).

Le caractère *naturel* des lois stables montre également qu'il est *naturel* pour certaines grandeurs aléatoires de ne pas posséder d'espérance mathématique. Le seul cas de loi stable non normale pour lequel la densité s'exprime de manière simple, à savoir, la loi de Cauchy, tombe dans cette catégorie. On constate, en effet, que celle-ci n'a pas d'espérance, puisqu'il n'est pas possible d'attribuer de signification à l'intégrale divergente :

$$\int_{-\infty}^{\infty} \frac{xdx}{\pi(1+x^2)}.$$

Il est relativement facile de *simuler* artificiellement la suite des moyennes d'ordre n d'une suite de variables indépendantes de Cauchy. On observe alors que, conformément à la loi des grands nombres de Kolmogorov, ces moyennes ne convergent pas vers une limite lorsque $n \to \infty$. Leur comportement se trouve être assez déroutant, puisque les valeurs observées, au cours du temps, semblent parfois se stabiliser, pour ensuite, d'un seul coup faire des sauts, dans un sens puis dans un autre, par oscillations brutales et inattendues.

Ce type de variations provoque régulièrement la surprise de ceux qui tombent, pour la première fois, sur l'observation d'un phénomène de ce type. On s'attendrait, naturellement, à devoir observer, dans tous les cas, une convergence des moyennes vers une limite finie. Toujours est-il que, bien que cette convergence soit le cas le plus fréquent, il existe de nombreux exemples répertoriés où celle-ci n'a structurellement pas lieu. Il convient alors de pouvoir interpréter correctement le phénomène, sans chercher, de manière erronée, à attribuer ces fluctuations à des facteurs extérieurs aux observations.

Chapitre IV

FONDEMENTS LOGIQUES DU CALCUL DES PROBABILITÉS. EINSTEIN ET LE MOUVEMENT BROWNIEN, LE MODÈLE DE KOLMOGOROV

Dans ce qui précède, nous avons donné des explications très sommaires de la notion de probabilité. Il convient maintenant d'être un peu plus précis sur le modèle mathématique utilisé dans sa description.

Peut-être faudrait-il également faire une distinction précise entre *les probabilités,* en tant que théorie mathématique, et *les probabilités,* en tant qu'outil descriptif du Monde où nous vivons.

D'innombrables discussions ont été menées sur l'existence ou la non-existence des probabilités dans la nature. Il existe, à ce sujet, des « objectivistes », affirmant que la probabilité *existe naturellement,* pour des raisons de symétrie physique, même si on ne peut pas toujours la déterminer de façon évidente. Ainsi, les jeux de : pile ou face, dés, cartes, fournissent des exemples de probabilités définies de manière objective. D'un autre point de vue, les « subjectivistes » ne veulent pas voir une probabilité associée à chaque événement possible d'un phénomène aléatoire, mais, plutôt, un « degré de croyance » lié à l'observateur, qui exprime simplement par un chiffre son évaluation des chances d'occurrence d'un phénomène. Derrière tout cela se greffent, le plus souvent, des idées religieuses ou philosophiques sur le déterminisme ou le libre arbitre, la toute-puissance de Dieu, et bien d'autres choses encore.

De notre point de vue, il s'agit là d'un affreux mélange, propre à engendrer confusions et querelles, bien loin de discussions scientifiques sérieuses. Le *calcul des probabilités* est une science mathématique tout aussi rigoureuse que la géométrie, l'algèbre ou l'analyse. Il ne faut pas confondre cette science avec les déductions qui peuvent en être faites par application du modèle probabiliste à l'Univers dans lequel nous vivons.

On se souvient de la révolution qu'a apportée le modèle de la relativité dans l'explication de phénomènes physiques contraires aux lois de la mécanique classique. Or, aucun physicien sérieux ne serait en mesure de *prouver* qu'il n'existe pas de modèle encore plus fin, permettant d'améliorer encore la compréhension de la structure de la matière, ou d'expliquer certains phénomènes astronomiques apparemment incompréhensibles au vu des théories actuelles. Il se trouve simplement que sur un très grand nombre de phénomènes observables, *les résultats fournis par la théorie coïncident avec les observations*. C'est à ce titre seul que le modèle est adéquat. S'il ne l'était pas, il faudrait en construire un autre.

De la même façon qu'il n'est pas possible de prouver un axiome, il est, sans doute, impossible de prouver ou d'infirmer logiquement le fait que les probabilités existent ailleurs que dans l'esprit des mathématiciens.

Par contre, il est possible d'*observer* l'adéquation du modèle à un grand nombre de phénomènes, et de lui fournir ainsi une *validation empirique*. Outre les jeux de hasard qui forment un exemple quelque peu artificiel, on pourrait citer, en premier chef, le mouvement des particules dans un fluide, qui fournit une image vivante du *mouvement brownien, ou processus de Wiener-Lévy*. Ainsi un récipient plein de gaz contient un nombre considérable de molécules agitées d'un mouvement permanent qui les fait s'entrechoquer mutuellement, et sur les parois du récipient, créant des effets observables et prévisibles par le calcul des probabilités.

Il n'est pas inutile de rappeler quelques points à ce sujet. Le nom de « mouvement brownien » est dû à Robert Brown (1773-1858), botaniste anglais, qui observa en 1827 que de petites particules en suspension dans des liquides immobiles étaient soumises à des mouvements incessants et erratiques. En fait, la nouveauté de l'observation de Brown provenait surtout de la nature du fluide dans lequel étaient situées les particules et de l'usage du microscope. Le phénomène avait déjà été observé dans les gaz, et alors interprété par les mouvements de convection. Pour ce qui est, en effet, de l'observation du mouvement des particules de poussière dans un local sombre illuminé par un rai de lumière, elle est à la portée de n'importe qui ; on trouve d'ailleurs mention du phénomène dans le *De Rerum Natura (Des Éléments de la Nature)* de Lucrèce (Titus Lucretius Carus, au Ier siècle avant Jésus-Christ), que nous citons en traduction libre : « Observez ce qui se produit quand les rayons de soleil rentrent dans une maison et traversent une pièce sombre. Vous verrez alors une multitude de petites particules parcourant dans tous les sens l'espace éclairé, telle une bataille permanente où elles se précipitent l'une sur l'autre, rang après rang, dans une suite rapide de combats singuliers. De ceci on peut imaginer le sort des atomes perpétuellement jetés les uns aux autres dans le vide illimité... Les petites particules qui existent sont mises en mouvement par les chocs répétés et invisibles des atomes, et à leur tour bombardent de leurs coups les poussières plus importantes. Ainsi l'agitation se construit à partir des atomes, et apparaît finalement à nos sens par l'intermédiaire de ces corps mus par des collisions invisibles. »

Il ne serait pas possible de fournir meilleure explication du phénomène que celle de Lucrèce ! Pour ce qui est, cependant, de sa modélisation rigoureuse, celle-ci ne put être faite convenablement qu'en 1905 par Albert Einstein (1879-1955). Ce dernier, inspiré par les travaux de Ludwig Boltzmann de 1896 à 1898 sur la cinétique des gaz, considère dans sa thèse, parue en 1905, le mouvement d'une particule libre soumise uniquement aux forces provenant des molécules du fluide dans lequel elle se meut. L'abscisse de sa projection sur une droite, fournit une fonction $X(t)$ du temps $t \geq 0$. En supposant que la position initiale (de cette projection) soit $x_0 = X(0)$, la probabilité $P = P(x_1 < X(t) \leq x_2)$, que la position $X(t)$ de la particule à l'instant $t > 0$ soit comprise entre x_1 et x_2, est donnée par la formule :

$$P = P(x_1 < X(t) \leq x_2) = \int_{x_1}^{x_2} p(x_0, x, t)\, dx,$$

où $p(x_0, x, t)$ est une fonction qu'Einstein montre être solution de l'équation aux dérivées partielles :

$$\frac{\partial p(x_0, x, t)}{\partial t} = D \frac{\partial^2 p(x_0, x, t)}{\partial x^2},$$

qui admet comme seule solution possible (compte tenu des conditions aux limites) la densité d'une *loi de Gauss* (ou de Laplace-Gauss) :

$$p(x_0, x, t) = \frac{e^{-(x-x_0)^2/(4Dt)}}{\sqrt{4\pi Dt}}.$$

Dans les expressions ci-dessus, D désigne une constante dont l'expression est particulièrement remarquable. On obtient que :

$$D = \frac{2\,RT}{N_A f},$$

où R = 8,314472 J Mol^{-1} K^{-1} ± 0,000015 est la constante universelle des gaz parfaits (aussi égale au produit $k_B \times N_A$, ou $k_B = 1{,}3806503 \times 10^{23}$ $m^2kg\ s^{-2}K^{-1}$ désigne la constante de Boltzmann), T la température, N_A le nombre d'Avogadro ($N_A = 6{,}02214179 \times 10^{23} \pm 0{,}00000030 \times 10^{23}$ = le nombre de molécules contenues dans une mole, ou molécule gramme ; sa valeur de référence est le nombre d'atomes de l'isotope 12 du carbone contenues dans 12 g de carbone ; le *nombre d'Avogadro* est appelé ainsi, en hommage à Amedeo Avogadro (1776-1856)), et $f = 12\ \pi\eta r$, le *coefficient de friction,* proportionnel au produit du rayon *r* de la particule, par la viscosité η du fluide.

C'est cette formule qui permit une détermination expérimentale du nombre d'Avogadro par des expériences portant sur le mouvement brownien, travaux qui valurent à Jean Perrin le prix Nobel en 1926.

D'autres méthodes de détermination du nombre d'Avogadro permirent de confirmer la validité du modèle.

Signalons au passage que la modélisation du mouvement d'une particule par un mouvement brownien (ou processus de Wiener-Lévy), découlant du calcul d'Einstein, n'est qu'une *approximation.* Des calculs plus précis ont été développés par le physicien polonais Marian von Smoluchowski (1872-1917) pour tenir compte des forces extérieures (telle la gravité), puis par Leonard Orstein (1880-1941) et George Uhlenbeck (1900-1980), qui ont construit, en 1930 la théorie mathématique du processus, dit d'Ornstein-Uhlenbeck, fournissant une théorie plus « exacte » (G. E. Uhlenbeck et L. S. Ornstein (1930), On the theory of Brownian Motion, *Phys. Rev., 36,* 823-841).

L'exemple précédent, d'utilisation de lois de probabilité pour décrire les mouvements de particules, à l'échelle moléculaire, illustre amplement l'aptitude générale des modèles probabilistes à fournir des *interprétations quantitatives* de phénomènes physiques. Une multitude d'autres exemples de ce type mène sans conteste à valider par l'expérience l'emploi de tels modèles pour l'ensemble des sciences de la matière.

Malgré cela, la controverse sur le caractère *objectif* des probabilités demeure. Les citations suivantes illustrent ce débat (Bruno de Finetti (1906-1985), qui y est cité, est un partisan, bien connu, de la *subjectivité* des probabilités ; Mark Kac (1914-1984) et Dennis Victor Lindley (1923-) sont cités, respectivement, le premier comme probabiliste *objectiviste,* le second, comme *bayésien* [utilisateur des méthodes de Bayes en théorie de la décision] *subjectiviste*) :

M. Kac (1961) : « Ce n'est pas aisé de dire ce qu'est la théorie des probabilités. Il n'est même pas facile de déterminer dans quelle mesure il s'agit même d'une théorie... Je considère que la théorie des probabilités n'est pas seulement une branche des mathématiques, et ne se limite pas à une collection harmonieuse d'axiomes et de théorèmes... À mon idée, le calcul des probabilités est un mode de pensée... »

D. V. Lindley (1973) : « Le sujet des probabilités est à l'étude depuis plus de deux cents ans, et depuis le début il y a querelle sur sa signification. À une certaine époque, ces disputes restaient sur un plan académique, mais du fait que l'usage des idées probabilistes s'est propagé à un si grand nombre d'activités humaines, et que les probabilistes ont produit un si grand nombre de résultats sophistiqués, l'importance pratique de la polémique s'est accrue dans de semblables proportions. Ceci est particulièrement flagrant en statistique, où les principes de bases sont revus en fonction des discussions sur la signification de la notion de probabilité. Quand il est difficile de répondre à une question, il est cependant possible que cela vienne du fait qu'elle est mal posée, et par conséquent qu'il est impossible d'y apporter réponse. Telle est la voie choisie par de Finetti pour sortir de l'impasse : la notion de probabilité n'existe pas. Elle n'existe pas, c'est-à-dire hors d'un individu ; elle n'existe pas de manière objective. La probabilité est une description de votre (chaque lecteur de ces mots) incertitude vis-à-vis du monde... »

Nous ne prendrons donc, quant à nous, pas parti entre les *objectivistes* et *subjectivistes,* en exprimant l'avis que les deux points de vue peuvent avoir de l'intérêt, et qu'il existe des cas où l'existence d'une probabilité objective sous-jacente semble très naturelle, à côté d'exemples où l'introduction d'une loi de probabilité paraît assez artificielle, et où la notion de probabilité subjective s'adapte mieux (par exemple, la théorie de la décision statistique). Tout dépend, finalement, du contexte de l'application.

L'élaboration d'une axiomatique rigoureuse des probabilités en tant que théorie mathématique a pris des siècles. Tous les fondateurs historiques des probabilités, depuis Galilée (Galileo Galilei, 1564-1642), Cardan (Gerolamo Cardano, 1501-1576), Blaise Pascal (1623-1662), Pierre de Fermat (1601-1665), Christiaan Huygens (1629-1695), Jacques Bernoulli (1654-1705), Pierre Rémond de Montmort (1678-1679) (notamment dans son traité *Essai d'Analyse sur les Jeux du Hasard,* 1708), Abraham de Moivre (1667-1754), Georges-Louis Leclerc de Buffon (1708-1788), Thomas Bayes (1702-1761) (notamment dans son œuvre posthume : *An Essay Toward Solving a Problem of Chances,* 1763), Pierre-Simon de Laplace (1749-1827), Siméon-Denis Poisson (1781-1840), Karl-Friedrich Gauss (1777-1855), ainsi que la plupart des mathématiciens, jusqu'à la fin du XIXe siècle, se sont limités à une définition des probabilités partant du rapport du « nombre de cas favorables » sur le « nombre de cas total », en admettant l'existence initiale de cas élémentaires équiprobables.

Il est peu à peu devenu évident, à la lumière des contributions de Pafnouti Tchebychev (Пафнутий Львович Чебыщёв, 1821-1884), Andrei Andreyevitch Markov (Андрей Андреевич Марков, 1856-1922), Joseph Louis Francois Bertrand (1822-1900), Alexandre Mikhailovitch Lyapounov (Александр Михайлович Ляпунов, 1857-1918), Henri Poincare (1854-1912), Nikolaï Ivanovitch Lobatchevski (Николай Иванович Лобчевский, 1793-1856), que cette definition n'était pas satisfaisante, puisqu'elle ne permettait pas de bien manipuler les lois de probabilité (de fonction de répartition) continues (comme, par exemple, la loi de Laplace-Gauss) et posait toutes sortes de difficultés conceptuelles.

Il n'y a, en effet, pas de problème particulier pour traiter, par des méthodes combinatoires, les probabilités dans les phénomènes ne faisant intervenir qu'un nombre fini de cas possibles. Mais comment faire, lorsque ce nombre devient infini ? L'un des exemples le plus naturel en est donné par la loi de Laplace-Gauss, dont on a vu la preuve de l'existence « physique ». Un nombre au hasard, ou, selon le vocabulaire habituel, une *variable aléatoire* X, suit une *loi normale* (ou *de Laplace-Gauss - de Moivre*), d'*espérance* μ et de *variance* σ^2, ce qui est noté $N(\mu, \sigma^2)$ si pour $-\infty < a \leq b < \infty$, la probabilité que X appartienne à l'intervalle (a, b) est donnée par l'intégrale :

$$P(a < X < b) = \frac{1}{\sigma\sqrt{2\pi}}\int_a^b \exp\left(-\frac{(t-\mu)^2}{2\sigma^2}\right)dt.$$

Une telle intégrale (voir fig. 4) définit « l'aire en dessous de la courbe de Gauss, comprise entre *a* et *b* ».

Ce type d'expression peut nous paraître assez naturel à l'heure actuelle, où la notion d'intégrale est rentrée dans les mœurs (et s'aborde même, aujourd'hui, dans l'enseignement secondaire). Il faut bien se rendre compte qu'elle l'était beaucoup moins au début du XIXe siècle ! L'intégrale de fonctions continues, permettant de donner un sens à l'expression précédente, est en effet essentiellement introduite en 1823 par Augustin Louis, baron Cauchy (1789-1857), et les bases théoriques en sont restées peu élaborées jusqu'au développement de l'intégrale de Riemann introduite par Georg Friedrich Bernhard Riemann (1826-1866) en 1867.

Une question se pose immédiatement dans l'exemple particulier, évoqué plus haut, de la loi de Gauss ; on peut en effet définir la probabilité que X prenne ses valeurs entre *a* et *b* par une intégrale. Si maintenant A est une partie quelconque de l'ensemble $\mathbb{R}$ des nombres réels, comment peut-on définir la probabilité que X prenne ses valeurs dans A ?

On pourrait croire naïvement que cette probabilité existe pour tout A. Or la réalité est moins simple ! Pour mieux comprendre la nature du problème, il est plus simple de remplacer la loi de Gauss par la *loi uniforme*. Cette distribution de probabilités est le prototype même de « nombre au hasard » choisi dans un intervalle. Ainsi X est, par définition, une variable aléatoire *uniformément distribuée* sur [0, 1], si pour tout $0 \leq a \leq b \leq 1$:

$$P(a < X \leq b) = b - a = \int_a^b dt.$$

Si A est une partie quelconque de [0, 1], la détermination de la probabilité que X appartienne à A, par l'intégrale $P(X \in A) = \int_A dt$, est équivalente à la détermination de la *mesure de* A, ou, en d'autres termes, de la *longueur* de A.

On voit ainsi que le *calcul des probabilités* est directement lié au *calcul intégral,* les progrès du second domaine scientifique conditionnant l'évolution du premier.

Comme le problème de la détermination de la longueur d'une partie A de [0, 1] est strictement équivalent au calcul de la probabilité qu'une variable uniformément distribuée prenne ses valeurs dans A, il est naturel de s'intéresser aux solutions qui lui ont été apportées par les mathématiciens. Ce n'est qu'en 1901 que la question a été résolue, *pour l'essentiel,* par Henri Léon Lebesgue (1875-1941), avec la construction de l'intégrale qui porte son nom (les additions, apportées à l'intégrale de Lebesgue, par Arnaud Denjoy (1884-1974) et Émile Borel (1871-1956) montrent, toutefois, qu'une théorie mathématique n'est jamais définitive).

Ces dates expliquent, par elles-mêmes pourquoi il a été, par la force des choses, impossible aux probabilistes d'élaborer des bases logiques solides du calcul des probabilités avant le courant du XXe siècle. Il leur a fallu attendre que la théorie de l'intégrale ait atteint un niveau de maturité suffisant, pour s'appuyer sur ses développements. À cause de ceci, le *calcul des probabilités* et la *statistique mathématique* (cette dernière discipline comprenant les méthodes d'interprétation de données d'observations), sont vraiment des *sciences contemporaines.* Leur développement ne s'est effectué que tardivement, pour l'essentiel, à partir de 1920, et ce, malgré des résultats, souvent remarquables, obtenus antérieurement, au mépris de l'existence de fondements logiques justifiant leur validité, en toute rigueur.

On pourrait réfléchir sur cette évolution, où l'axiomatique d'une science a été élaborée longtemps après sa naissance et son utilisation. Aussi surprenant que cela paraisse, il semble bien qu'en mathématiques la réflexion ne suive plus facilement l'action qu'elle ne la précède.

En 1900, au IIe Congrès international de mathématiques, à Paris, le mathématicien allemand David Hilbert (1862-1943) fit une conférence célèbre dans laquelle il énonçait 23 grands problèmes non résolus. Son exposé eut un retentissement considérable, influençant les recherches des décennies qui suivirent. Une des questions mentionnées par Hilbert (le 6e problème de Hilbert) comprenait, précisément, le besoin urgent d'élaborer *une axiomatique rigoureuse du calcul des probabilités.*

Le XIXe siècle avait vu, en ce qui concerne les autres branches des mathématiques, des progrès considérables de rigueur et de clarification. Le calcul des probabilités avait été laissé à l'écart de cette évolution pour les raisons que nous avons mentionnées plus haut, et de ce fait n'était pas même considéré par de nombreux savants comme une part intégrante des mathématiques, mais plutôt comme une branche un peu particulière de la physique (d'où le 6e problème de Hilbert : « Axiomatiser la physique et les sciences qui s'y rattachent »).

La première tentative sérieuse de donner un cadre rigoureux aux probabilités fut faite, en 1919, par Ludwig von Mises (1881-1973) (voir L. von Mises (1964), *Mathematical Theory of Probability and Statistics,* Academic Press, New York). L'idée de von Mises était de se baser sur les lois des grands nombres pour définir les lois de probabilités de variables aléatoires. Il fallait, selon son axiomatique, supposer que toute grandeur aléatoire puisse faire l'objet d'une infinité de répliques indépendantes. À partir de ces dernières, on pouvait alors reconstituer la structure aléatoire « de base » par la simple observation de fréquences d'événements. Il s'agit là d'un point de vue essentiellement *statistique,* destiné à surmonter l'objection de certains détracteurs des probabilités qui niaient l'existence physique de la probabilité lorsqu'il n'y a pas moyen de l'évaluer, *a priori,* « naturellement ». L'idée de von Mises était que toute probabilité pouvait être reconstruite, à partir de l'observation d'une infinité de répliques indépendantes du phénomène concerné.

Malgré l'élégance de la présentation de von Mises, son axiomatique n'était pas totalement satisfaisante comme *point de départ* du calcul des probabilités (avec lequel elle demeure néanmoins compatible). Elle s'est trouvée un peu à contre-pied de l'évolution des autres branches des mathématiques, comme, notamment, celle de la théorie de l'intégrale. De plus, cette axiomatique ne permettait de traiter que de phénomènes pouvant faire l'objet de répétitions infinies, sans justifier pour autant leur *existence* systématique.

Le mathématicien russe Andrei Nikolayevitch Kolmogorov (Андрéй Николáевич Колмогóров, 1903-1987), finit, en 1933, par établir la base axiomatique, sur laquelle les probabilités se sont développées jusqu'à ce jour (A. N. Kolmogorov (1950). *Foundations of the Theory of Probability,* Chelsea, New York).

L'avantage du modèle de Kolmogorov est, outre sa très grande simplicité, qu'il rattache logiquement le Calcul des probabilités à la théorie de l'intégrale, conformément à ce qui pouvait en être attendu. Il permet ainsi d'appliquer au cadre probabiliste tout l'arsenal des résultats et techniques de l'Analyse mathématique.

Il n'est donc pas étonnant qu'après que Kolmogorov eut défini clairement les bases du calcul des probabilités, celui-ci se soit développé à grande vitesse au cours des cinquante années suivantes. C'est ainsi par la force des choses que cette discipline est « née » véritablement en 1933, comme une branche, d'ailleurs un peu atypique, des mathématiques.

La formalisation de Kolmogorov introduit la structure de base d'un *espace de probabilités* $(\Omega, \mathcal{A}, P)$. Celui-ci suppose la donnée initiale d'un ensemble Ω d'*événements élémentaires non dissociables*. Chacun de ces événements, tel $\omega \in \Omega$ (expression qui exprime que ω *appartient* à Ω) caractérise complètement une possibilité théorique de réalisation du phénomène à l'étude. Un événement quelconque, A, doit logiquement alors être tel que, pour chaque événement élémentaire $\omega \in \Omega$, on puisse dire, lorsque ω a lieu, si l'événement A a lieu également ou non.

On constate que cette propriété permet naturellement d'identifier A à la partie de Ω composée de tous les ω qui impliquent la réalisation de A. Ainsi l'ensemble de tous les événements théoriquement possibles s'identifie à l'ensemble, noté $\mathcal{P}(\Omega)$, des parties de Ω.

Les opérations familières de la *théorie des ensembles,* et notamment, la *réunion,* la *différence,* l'*intersection,* peuvent s'interpréter directement en termes de la *réalisation* ou de la *non-réalisation* d'événements par :

$A \cup B$ = La réunion de A et B = L'événement qui a lieu lorsque l'un au moins des événements A ou B a lieu ;

$A \cap B$ = L'intersection de A et B = L'événement qui a lieu chaque fois que A et B ont lieu simultanément ;

$A - B$ = La différence de A et de B = L'événement qui a lieu chaque fois que A a lieu, sans que B ait lieu ;

$\varnothing$ = L'ensemble vide = L'événement impossible = Un événement qui n'a jamais lieu et dont l'intérêt est de rendre toujours possible l'opération $A \cap B$, même lorsque A et B sont incompatibles (ne pouvant avoir lieu simultanément) ;

Ω = L'ensemble tout entier des événements théoriquement possibles = L'événement qui a toujours lieu (mêmes remarques pour l'opération $A \cup B$, qui est rendue toujours possible par l'introduction de Ω).

On écrit, dans la même logique, que $A \subseteq B$ (= A est inclus dans B), si, chaque fois que A a lieu, B a lieu.

Donnons quelques exemples de cette modélisation :

1 / *Un jeu simple de pile ou face*. Il est caractérisé par les événements élémentaires possibles : Face = F, Pile = P, et donc $\Omega = \{ F, P \}$. Les événements observables composant $\mathcal{P}(\Omega)$ sont ici, simplement :

$$\varnothing, \{ F \}, \{ P \}, \Omega = \{ F, P \}.$$

2 / *Un jeu de deux pile ou face consécutifs*. On obtient $\Omega = \{ (F, F) (F, P) (P, F) (P, P) \}$. Les événements élémentaires sont ici $\omega_1 = (F, F)$, $\omega_2 = (F, P)$, $\omega_3 = (P, F)$, $\omega_4 = (P, P)$, et les autres événements sont :

$$\varnothing, \{ \omega_1, \omega_2 \}, \{ \omega_1, \omega_3 \}, \{ \omega_1, \omega_4 \}, \{ \omega_2, \omega_3 \},$$
$$\{ \omega_2, \omega_4 \}, \{ \omega_3, \omega_4 \}, \{ \omega_1, \omega_2, \omega_3 \}, \{ \omega_1, \omega_3, \omega_4 \},$$
$$\{ \omega_?, \omega_2, \omega_4 \}, \{ \omega_2, \omega_3, \omega_4 \}, \Omega = \{ \omega_1, \omega_2, \omega_3, \omega_4 \}.$$

À titre d'exemple, l'événement « pile n'apparaît qu'une seule fois » est identique à $\{ \omega_2, \omega_3 \}$.

Ayant représenté l'expérience et ses réalisations par le couple Ω, $\mathcal{P}(\Omega)$, il est nécessaire de donner un sens précis à la définition de la probabilité sur $(\Omega, \mathcal{P}(\Omega))$.

On suppose donné, initialement, un ensemble $\mathcal{A} \subseteq \mathcal{P}(\Omega)$ d'*événements probabilisables* (dont on peut définir la probabilité). $\mathcal{A}$ est appelé *algèbre d'événements,* s'il vérifie les hypothèses suivantes :

(i) $\mathcal{A}$ contient Ω ;

(ii) $\mathcal{A}$ est tel que, pour tout A et B appartenant à $\mathcal{A}$, on ait $A \cup B$, $A \cap B$, $A - B$ et $B - A$ appartenant à $\mathcal{A}$.

On appelle alors probabilité sur $(\Omega, \mathcal{A})$, toute fonction P définie sur $\mathcal{A}$ et à valeurs dans [0, 1], telle que :

(i) Pour tout A, $B \in \mathcal{A}$, tels que $A \cap B = \varnothing$ (*i.e.* tels que A et B n'aient pas lieu simultanément), on ait :

$$P(A \cup B) = P(A) + P(B) ;$$

(ii) *(Axiome de continuité dénombrable) :* Si $A_1 \supseteq A_2 \supseteq \ldots \supseteq A_n \supseteq \ldots$ est une suite décroissante (pour l'inclusion) d'événements de $\mathcal{A}$, d'intersection vide (il n'existe pas de $\omega \in \Omega$ dont la réalisation implique celle de tous les A_i, $i = 1, 2, \ldots$), alors :

$$\lim_{n \to \infty} P(A_n) = 0.$$

L'axiome (ii) de continuité dénombrable, exprimant la possibilité de passage à la limite pour des suites, est essentiel dans le modèle de Kolmogorov, parce qu'il permet de rattacher la notion de probabilité à la notion de mesure.

Il est possible de discuter la pertinence de cet axiome qui n'est pas, à proprement parler, « naturel ». Toutefois, on notera que tous les modèles probabilistes simples le satisfont. L'axiome est, en effet, trivial lorsque Ω est un ensemble fini, et est également vérifié, grâce aux propriétés de l'intégrale, lorsque, par exemple, on raisonne sur la probabilité associée à une variable aléatoire réelle.

Par exemple, si X suit une loi normale $N(\mu, \sigma^2)$, on choisira $\Omega = \mathbb{R}$, et $\mathcal{A}$ = L'ensemble de toutes les réunions finies d'intervalles (finis ou non) de $\mathbb{R}$. La probabilité, notée ici P_x, est alors définie, pour tout $A \in \mathcal{A}$, par

$$P_x(A) = P(X \in A) = \frac{1}{\sigma\sqrt{2\pi}} \int_A \exp\left(-\frac{(t-\mu)^2}{2\sigma^2}\right) dt.$$

L'intérêt fondamental de l'axiomatique de Kolmogorov est qu'elle permet l'extension naturelle de la probabilité, définie initialement sur une *algèbre d'événements* $\mathcal{A}$, à une famille d'événements beaucoup plus vaste, dite *tribu d'événements,* invariante par les opérations usuelles portant sur des suites (et non plus seulement des opérations finies).

On appelle, d'une manière générale, *tribu d'événements* toute algèbre d'événements $\mathscr{E} \subseteq \mathscr{P}(\Omega)$ contenant Ω et stable pour les réunions et les intersections dénombrables. Comme toute intersection de tribus est encore une tribu, et que, par ailleurs $\mathscr{P}(\Omega)$ est, lui-même, une tribu, il est facile de constater que, pour toute partie $\mathscr{B}$ de $\mathscr{P}(\Omega)$, l'intersection de toutes les tribus contenant $\mathscr{B}$ est une tribu. Cette tribu est dite *engendrée par* $\mathscr{B}$, et notée conventionnellement $\sigma(\mathscr{B})$.

Le résultat suivant, dû au mathématicien grec Constantin Caratheodory (Κωνσταντίνος Καραθεοδωρή, 1873-1950), et connu sous le nom de *théorème d'extension de Caratheodory,* fut démontré en 1918, dans le cadre général de la théorie de la mesure.

Si P *est une probabilité définie initialement sur une algèbre* $\mathscr{A} \subseteq \mathscr{P}(\Omega)$ *d'événements composés de parties de* Ω*, alors, la définition de* P *se prolonge, de manière unique, à la tribu* $\sigma(\mathscr{A})$ *engendrée par* $\mathscr{A}$ *dans* $\mathscr{P}(\Omega)$.

Il ne nous est pas possible de donner ici une démonstration de ce théorème, dont il faut insister sur le caractère *totalement non trivial.* La version citée du théorème de Caratheodory revient, *de facto,* à développer une extension de la probabilité sur le modèle de l'intégrale de Lebesgue.

C'est par ce théorème d'extension que, dans une succession infinie de jeux de pile ou face, il est possible d'affecter une probabilité à des événements tels que { La fréquence de face tend vers 1/2 lorsque n croît indéfiniment }. Autrement, cela n'aurait pas grand sens. C'est également par ce théorème qu'il est possible de construire des événements de probabilité nulle qui soient non vides. En effet, dans une répétition *finie* de jeux de pile ou face, le seul événement de probabilité nulle est donné par $\varnothing$, l'événement impossible.

De ce fait, il n'y aurait pas de loi forte des grands nombres sans l'extension de la notion de probabilité fournie par Caratheodory. Ceci devrait justifier la place que nous avons accordée à ces développements, malgré leur caractère abstrait. Il est malheureusement difficile de comprendre convenablement la théorie moderne des probabilités sans rentrer dans de tels détails, faute desquels on ne pourrait saisir la nature profonde des choses.

En conclusion, il nous faut mentionner l'existence de modélisations numériques de l'incertitude ne vérifiant pas les axiomes des probabilités (en particulier, la propriété d'additivité, $P(A \cup B) = P(A) + P(B)$, si $A \cap B = \emptyset$). L'une de ces théories, ayant eu un succès relatif pour ses applications en robotique est la *théorie des ensembles flous (fuzzy sets),* due à l'informaticien américain, d'origine russo-iranienne, Lotfi Asker Zadeh (1921-). *Grosso modo,* dans la théorie des ensembles classiques, un ensemble A est caractérisé par sa *fonction indicatrice* $1_A(t)$, égale à 1 si $t \in A$, et 0 si $t \notin A$. Dans la théorie des ensembles flous, on remplace la fonction indicatrice par une *fonction de croyance* $b(t)$, prenant des valeurs arbitraires entre 0 et 1, et caractérisant le *degré de croyance* qu'un observateur accorde à l'événement $\{ t \in A \}$. Toutefois, malgré des aspects intellectuellement séduisants, les théories alternatives de ce type se heurtent à l'absence de validations expérimentales physiques. Comme nous allons le voir, les *probabilités* sont, quant à elles, omniprésentes dans l'univers, ce qui justifie leur étude.

Chapitre V

LES NOMBRES NORMAUX DE BOREL ET L'EXPLICATION NATURELLE DE LA LOI DES GRANDS NOMBRES AU JEU DE PILE OU FACE

Comme nous l'avons signalé à la fin du chapitre II, la loi des grands nombres pour une suite infinie de jeux de pile ou face peut s'expliquer naturellement, autrement qu'en faisant appel à des considérations intuitives (telles que « l'équilibre fondamental de la nature » entre pile et face). Le cadre de la *théorie des nombres,* où le calcul des probabilités a des applications remarquables, en fournira l'illustration manifeste dans ce chapitre et le suivant.

Nous avons, dans ce qui précède, évoqué deux exemples physiques simples de phénomènes probabilistes :

1 / *Une répétition infinie de jeux de pile ou face indépendants :* Conformément à l'axiomatique de Kolmogorov, l'espace des événements élémentaires est alors l'ensemble Ω_1 des suites infinies de la forme :

$$\mathbf{u} = (u_1, u_2, \ldots, u_n, \ldots),$$

où, pour chaque $n = 1, 2, \ldots$, le terme général de la suite, u_n, vaut 0 (pour pile), ou 1 (pour face). L'algèbre $\mathcal{A}_1$ des événements sur lesquels est définie, initialement, la probabilité P_1, est composée de l'ensemble vide $\varnothing$, ainsi que de toutes les réunions finies d'événements de la forme (pour $n \geq 1$)

$$A = \{ \mathbf{u} \in \Omega_1 \; ; \; u_1 = \alpha_1, \ldots, u_n = \alpha_n \},$$

la probabilité $P_1(A)$ d'un tel événement étant fixée à $1/2^n$, lorsque $\alpha_i = 0$ ou 1, pour $i = 1, \ldots, n$.

2 / *La loi uniforme sur* [0, 1] : Une variable aléatoire U qui suit cette loi correspond à l'idée du « tirage au hasard » d'un nombre compris entre 0 et 1. L'ensemble Ω_2 des événements élémentaires est ici l'intervalle [0, 1] des nombres réels compris entre 0 et 1.

L'algèbre $\mathscr{A}_2$ sur laquelle est définie initialement la probabilité P_2, est composée de toutes les réunions finies A d'intervalles bornés disjoints, à extrémités dans [0, 1], et de la forme :

$$A = \bigcup_{i=1}^{n} (a_i, b_i),$$

avec $0 \le a_1 \le b_1 \le \ldots \le a_n \le b_n \le 1$. La probabilité P_2 est définie sur $\mathscr{A}_2$ par la relation

$$P_2(A) = P(U \in A) = \sum_{i=1}^{n} (b_i - a_i).$$

En fait, nous allons constater que *ces deux exemples, en apparence très différents, n'en font qu'un,* en ce qu'il est possible d'identifier naturellement les objets aléatoires et les probabilités correspondantes.

Pour établir cette identité, il suffit de remarquer que tout nombre $u \in [0, 1]$ peut se représenter sous la forme d'un *développement dyadique* :

$$u \in [0, 1] \leftrightarrow \mathbf{u} = (u_1, \ldots, u_n, \ldots),$$

où $u_n = 0$ ou 1 pour $n = 1, 2, \ldots$ Ceci peut être fait à l'aide de l'identité :

$$u = \varphi(\mathbf{u}) = \sum_{n=1}^{\infty} \frac{u_n}{2^n}.$$

[Il s'agit, en fait, de la même décomposition en base 2, que celle qui consisterait en base 10 (numérotation décimale classique) à écrire, par exemple,

$$\frac{1}{3} = 0.3333\ldots = \frac{3}{10} + \frac{3}{10^2} + \ldots + \frac{3}{10^n} + \ldots].$$

On remarquera que la correspondance $\mathbf{u} \to u = \varphi(\mathbf{u})$ est une *application* de Ω_1 sur Ω_2, tandis que pour un nombre $u \in \Omega_2 = [0, 1]$ donné, il existe toujours au moins un antécédent $\mathbf{u} \in \Omega_1$, défini par l'image réciproque : $u \to \mathbf{u} \in \varphi^{-1}(u) = \{ \mathbf{v} \in [0, 1] : \varphi(\mathbf{v}) = u \}$. Mais cet antécédent n'est unique que pour les nombres $u \in [0, 1]$ qui ne sont pas de la forme $k/2^n$, où k est entier. Par exemple, dans la numérotation dyadique, on peut identifier, par les relations $u = \varphi(\mathbf{u}) \leftrightarrow \mathbf{u} = \varphi^{-1}(u)$, de manière indifférente :

1/2 à (1, 0, …, 0, …), et 1/2 à (0, 1, …, 1, …).

[Pour les mêmes raisons, on écrira, en numérotation décimale, que 1 = 1 000 … = 0,999 …, écriture justifiée par le fait qu'un nombre réel x, identifié à $(d_1, \ldots, d_n, \ldots)$, en numérotation décimale, avec $d_n = 0, 1, 2, 3, 4, 5, 6, 7, 8$, ou 9, pour $n = 1, 2, \ldots$, est défini comme la *limite* :

$$x = \lim_{n \to \infty} \sum_{i=1}^{n} \frac{d_i}{10^i}.$$

On observera, au passage que l'identité 0,999 … = 1, ou, en numérotation dyadique, l'identité

$$1/2 = (0, 1, \ldots, 1, \ldots),$$

n'est rien d'autre qu'un exemple de solution du *paradoxe de Zénon d'Élée* (– 495, – 430), datant du Vᵉ siècle avant Jésus-Christ, selon lequel, « Achille poursuivant une tortue, ne peut jamais la rejoindre ». L'argument consiste à dire que chaque fois qu'Achille atteint la position où la tortue se tenait l'instant d'avant, cette dernière ne s'y trouve plus, ayant avancé entretemps d'une petite longueur. En fait, Achille rattrape toujours la tortue, car la somme infinie des distances parcourues, entre les instants successifs du raisonnement de Zénon d'Élée, compose une *série convergente*.]

On vérifie que l'ensemble N_2 des nombres u de la forme $k/2^n$, avec k entier, est de probabilité $P_2(N_2)$ nulle dans $\Omega_2 = [0, 1]$. On vérifie, de même, que l'ensemble $N_1 = \varphi^{-1}(N_2)$, qui lui correspond dans Ω_1, et composé des suites $\mathbf{u} = (u_1, \ldots, u_n, \ldots)$ de 0 et 1, constantes à partir d'un certain rang, est de probabilité $P_1(N_1)$ nulle.

L'application $\varphi : \Omega_1 \to \Omega_2 = [0, 1]$ (rappelons que Ω_1 est l'ensemble des suites $\mathbf{u} = (u_1, u_2, \ldots, u_n, \ldots)$, composées de 0 et 1) vérifie donc les relations suivantes, liant Ω_1 à Ω_2 :

φ est une application *surjective* de Ω_1 sur Ω_2 (tout élément de Ω_2 est l'image par φ d'au moins un élément de Ω_1) ;

φ est une application *bijective* de $\Omega_1 - N_1$ sur $\Omega_2 - N_2$ sur (chaque élément de $\Omega_2 - N_2$ est l'image d'exactement un élément de $\Omega_1 - N_1$ par φ).

On peut donc *identifier* $\Omega_1 - N_1$ et $\Omega_2 - N_2$ en posant $A_2 = \varphi(A_1)$, pour tout $A_1 \subseteq \Omega_1 - N_1$. Comme $P_1(N_1) = P_2(N_2) = 0$, on constate alors que, pour tout $A_1 \in \mathcal{A}_1$,

$$P_1(A_1) = P_1(A_1 \cap (\Omega_1 - N_1)) = P_2(\varphi(A_1) \cap (\Omega_2 - N_2)) = P_2(\varphi(A_1)).$$

Cette identité mène, plus généralement, à identifier un événement A_1, appartenant à Ω_1, à un homologue A_2 appartenant à $\varphi(\Omega_1)$, lorsque la différence $(\varphi(A_1) - A_2) \cup (A_2 - \varphi(A_1))$ appartient à l'ensemble de probabilité nulle N_2. Cette opération permet de montrer que les probabilités P_1 et P_2, définies sur des événements ainsi identifiés, coïncident.

On peut, par ce procédé, identifier les deux modèles : $(\Omega_1, \sigma(\mathcal{A}_1), P_1)$ et $(\Omega_2, \sigma(\mathcal{A}_2), P_2)$.

Il est maintenant particulièrement intéressant de voir comment se transpose à $(\Omega_2, \sigma(\mathcal{A}_2), P_2)$ la loi des grands nombres obtenue sur $(\Omega_1, \sigma(\mathcal{A}_1), P_1)$, et exprimant la convergence, avec probabilité 1, des moyennes des suites $u_1, u_2, \ldots, u_n, \ldots$ vers 1/2.

Par transposition sur $(\Omega_2, \sigma(\mathcal{A}_2), P_2)$ de la loi des grands nombres sur $(\Omega_1, \sigma(\mathcal{A}_1), P_1)$, on obtient que :

Il existe une partie A de [0, 1], *de mesure de Lebesgue nulle, telle que tout nombre u appartenant au complément* $\mathcal{N} = [0, 1] - A$, de A dans [0, 1] *ait un développement dyadique* $\mathbf{u} = (u_1, \ldots, u_n, \ldots)$, *composé d'une suite de* 0 *et* 1, *telle que*

$$\lim_{n \to \infty} \left\{ \frac{1}{n} \sum_{i=1}^{n} u_i \right\} = \frac{1}{2}.$$

On constate ainsi que, *tous les nombres de* [0, 1], *à l'exception de ceux qui appartiennent à l'ensemble de mesure nulle* A *précédemment défini, vérifient la loi des grands nombres correspondant au jeu de « pile ou face », c'est-à-dire, ont des moyennes qui convergent vers 1/2.* Les nombres de ce type, composant l'ensemble $\mathcal{N}$ ont été appelés *nombres normaux* par Émile Borel (1871-1956). Cette propriété, démontrée par Borel en 1909, constitue le premier exemple de loi forte des grands nombres, obtenu avant que Kolmogorov en établisse la forme la plus générale en 1928.

Nous reviendrons, en fin de chapitre, sur l'évolution historique de la loi des grands nombres, qui a suivi la découverte de Borel. Nous reprenons, au passage, l'étude de la structure des *ensembles de mesure nulle,* en complément de la discussion initiale sur ce thème, du chapitre IV.

D'une manière générale, la *mesure de Lebesgue* d'un intervalle $A = [a, b]$ de la droite réelle $\mathbb{R}$ coïncide avec sa *longueur,* égale à $\lambda(A) = b - a$. Comme mentionné plus haut au chapitre IV, la théorie de Lebesgue, associée au théorème d'extension de Caratheodory, permet d'étendre la définition de la mesure de Lebesgue $\lambda(\cdot)$ à la plus petite tribu de parties de $\mathbb{R}$ contenant les intervalles. Celle-ci coïncide avec la *tribu borélienne* $\mathcal{B} = \mathcal{B}(\mathbb{R})$. En général, dans un *espace topologique* $\mathcal{T}$, la tribu borélienne $\mathcal{B}(\mathcal{T})$ désigne la plus petite tribu de parties de $\mathcal{T}$ contenant les *ouverts* et les *fermés,* et $\mathcal{B}(\mathbb{R})$ donne, ici, un exemple particulier de cette structure pour $\mathcal{T} = \mathbb{R}$. On peut donc définir $\lambda(A)$ pour tout *ensemble borélien* $A \in \mathcal{B}(\mathbb{R})$, la valeur correspondante étant finie lorsque A est borné. L'extension de la mesure, due à Lebesgue, permet d'étendre, un peu plus, cette définition à une tribu $\mathcal{L}(\mathbb{R}) \supseteq \mathcal{B}(\mathbb{R})$, de parties de $\mathbb{R}$, dites *Lebesgue-mesurables.* Ceci étant, il est naturel de se poser la question : *est-il possible de définir, par prolongement, la mesure* $\lambda(A)$ *d'une partie* A *quelconque de* $\mathbb{R}$ *?* La réponse à cette question est *négative.* On aboutit facilement à une contradiction, en admettant que cette construction existe.

On pourrait penser, naïvement que la mesure $\lambda(A)$ existe pour tout $A \subseteq \mathbb{R}$ et pour appuyer cette idée, on peut s'imaginer la droite $\mathbb{R}$ des nombres réels comme un fil de fer infini, qu'on découpe en tranches pour obtenir des morceaux, dont on mesure ensuite la longueur en en déterminant la masse par pesée. En fait, sans qu'on s'en rende compte, l'idée même qu'on puisse obtenir une partie A de $\mathbb{R}$ par un découpage convenable sous-entend qu'on ait pu réaliser cette opération par une *suite (dénombrable)* de coups de ciseaux. Ceci explique que la réponse définitive apportée au problème de l'extension de la mesure par Lebesgue en 1901 ait créé une distinction entre les parties de $\mathbb{R}$ *mesurables* (ou *Lebesgue-mesurables*) et les parties de $\mathbb{R}$ *non mesurables.* Les premières sont telles qu'on puisse définir la mesure (de Lebesgue) de leur intersection avec un intervalle borné quelconque, les secondes n'ont plus cette propriété. On constate alors que l'ensemble des parties Lebesgue-mesurables de $\mathbb{R}$ est une tribu contenant les intervalles (et donc contenant la tribu borélienne $\mathcal{B}(\mathbb{R})$) et qu'ainsi *il n'est pas possible de fabriquer un ensemble non mesurable dans* $\mathbb{R}$ *par une suite (dénombrable) d'opérations.* L'*existence* d'ensembles non mesurables, pour lesquels la mesure de Lebesgue ne peut être définie a cependant été prouvée (grâce à l'*axiome du choix*), bien qu'on ne puisse les construire explicitement.

Un ensemble N de mesure de Lebesgue nulle correspond à la notion intuitive d'une partie de « masse linéaire » nulle sur la droite réelle, et peut être caractérisé par le fait que, pour tout $\varepsilon > 0$, il est possible de l'inclure dans une partie mesurable $A_\varepsilon \subseteq \mathbb{R}$ de mesure de Lebesgue $\lambda(A_\varepsilon)$ inférieure à ε. Ici, le choix le plus simple qu'on puisse faire pour un tel A_ε est une réunion dénombrable d'intervalles, fournissant l'inclusion :

$$N \subseteq A_\varepsilon = \bigcup_{n=1}^{\infty} [a_{n,\varepsilon}, b_{n,\varepsilon}],$$

où $\sum_{n=1}^{\infty} (b_{n,\varepsilon} - a_{n,\varepsilon}) \leq \varepsilon$.

Malgré la simplicité de l'image qu'ils évoquent, les ensembles de mesure nulle peuvent avoir une structure assez compliquée. À titre d'exemple, l'ensemble $\mathbb{Q}$ des *nombres rationnels* (de la forme $\pm p/q$, avec p, q entiers), est de mesure nulle, et il existe de nombreux exemples d'ensembles de mesure nulle non dénombrables. Les *objets fractals* en fournissent une catégorie intéressante. On définit, pour toute partie A de l'espace $\mathbb{R}^d$, la *dimension de Hausdorff* $\dim_H(A)$ de A, comme le plus petit index $\delta \geq 0$, tel que, pour tout $\varepsilon > 0$, on puisse recouvrir A par une suite I_1, I_2, ..., de *pavés* (produits d'intervalles), de sorte que $\sum_{n\geq 1} \lambda(I_n)^{\delta+\varepsilon} < \infty$ où, ici, $\lambda(\cdot)$ désigne la mesure de Lebesgue dans $\mathbb{R}^d$. La dimension de Hausdorff (notion due à Felix Hausdorff, 1868-1942) coïncide avec la dimension géométrique habituelle des parties régulières (courbes, surfaces...) de $\mathbb{R}^d$. Une des conséquences de cette définition est que, si $\dim_H(A) < d$, alors A est de mesure de Lebesgue nulle dans $\mathbb{R}^d$. Les *objets fractals* constituent des parties de $\mathbb{R}^d$ de dimension non entière, et, par extension, de dimension quelconque. Un exemple de ce type est l'*ensemble de Cantor* (introduit par Georg Cantor (1845-1918)), composé des nombres $\mathbf{u} \in [0, 1]$ dont le développement en base 3 est de la forme :

$$\mathbf{u} = \sum_{n=1}^{\infty} \frac{u_n}{3^n} \text{ où, pour } n = 1, 2, \ldots, u_n = 0 \text{ ou } 2.$$

L'ensemble de Cantor est une partie non dénombrable, de mesure de Lebesgue nulle, de $\mathbb{R}$, et constitue un objet fractal de dimension de Hausdorff égale à $(\log 2)/(\log 3) < 1$.

Nous nous intéressons maintenant aux détails du résultat de Borel (1909) sur les *nombres normaux*. Notons le développement dyadique d'un nombre x compris entre 0 et 1, sous la forme :

$$x = \sum_{n=1}^{\infty} \frac{u_n(x)}{2^n} \text{ où, pour } n = 1, 2, \ldots, u_n(x) = 0 \text{ ou } 2.$$

On convient, pour éviter toute ambiguïté dans la définition des $\{ u_n(x) : n \geq 1 \}$ dans le cas où x est de la forme $k/2^n$, avec k entier, d'exclure la possibilité que la suite $u_n(x)$ soit constante et égale à 1 à partir d'un certain rang.

Cette restriction permet de définir $\{ u_n(x) : n \geq 1 \}$, *uniquement,* pour chaque $x \in [0, 1]$. Si maintenant on pose, pour $n = 1, 2, \ldots,$

$$S_n(x) = 2 \sum_{k=1}^{n} u_k(x) - n,$$

le résultat, cité plus haut, de Borel (E. Borel (1909), *Circ. Mat. Palermo, 27,* 247-271) revient à dire que, pour tous les $x \in \mathcal{N} = [0, 1] - \{$ un ensemble de mesure nulle $\}$ (on dira que cette propriété a lieu « pour presque tout $x \in [0, 1]$ », ou encore, « presque partout » en $x \in [0, 1]$) :

$$S_n(x) = o(n) \text{ lorsque } n \to \infty.$$

[La notation $u_n = o(v_n)$ (resp. $u_n = O(v_n)$) exprime que $| u_n/v_n | \to 0$ (resp. que $| u_n/v_n |$ est borné).]

À la lumière de ce résultat, il est naturel d'étudier la vitesse de la convergence de $S_n(x)/n$ vers 0. À la suite des travaux de Borel, des estimations de cette vitesse ont été successivement obtenues par :

- Hausdorff (1913), qui établit que, pour tout $\varepsilon > 0$, et presque partout en $x \in [0, 1]$, $S_n(x) = o(n^{\varepsilon + 1/2})$;
- Hardy et Littlewood (1914) (les mathématiciens Godfrey Harold Hardy (1877-1945) et John Edensor Littlewood (1885-1977) ont eu une collaboration célèbre), qui montrent que, presque partout en $x \in [0, 1]$,

  $$S_n(x) = O\left(\sqrt{n \log n}\right) ;$$

- Khintchine (Alexandre Iacovlevitch Khintchine, Алексанлр Яковлевич Хинчин, 1878-1959), qui obtint enfin le meilleur résultat possible au premier ordre (dans l'article de A. I. Khitchine (1923), *Mathematische Zeitschrift, 18,* 109-116), par une version particulière de *la loi du logarithme itéré* [le *logarithme itéré,* log log x = log(log x), jouera un rôle important dans ce résultat et les suivants. Il s'agit d'une fonction à croissance extrêmement lente]. Ce résultat exprime que, presque partout en $x \in [0, 1]$,

$$\limsup_{n\to\infty} \frac{S_n(x)}{\sqrt{2n \log\log x}} = 1$$

et $$\liminf_{n\to\infty} \frac{S_n(x)}{\sqrt{2n \log\log x}} = -1.$$

En d'autres termes, pour tout $0 < \varepsilon < 1$, il existe, pour tout $x \in [0, 1]$ moins un ensemble de mesure nulle, un indice fini $n_{\varepsilon, x}$, tel que, pour tout $n \geq n_{\varepsilon, x}$, on ait les inégalités :

$$-(1+\varepsilon)\sqrt{2n \log\log n} \leq S_n(x) \leq (1+\varepsilon)\sqrt{2n \log\log n}.$$

D'autre part, sous les mêmes hypothèses, il existe une infinité d'indices n, tels qu'on ait :

ou bien $S_n(x) \leq -(1-\varepsilon)\sqrt{2n \log\log n}$,

ou bien $S_n(x) \geq (1-\varepsilon)\sqrt{2n \log\log n}$.

Le résultat de Khintchine que nous discuterons plus loin au chapitre XI, caractérise, au premier ordre, la vitesse de convergence de $S_n(x)/n$ vers 0.

Il a été raffiné sous forme optimale, en 1943, par William Feller (1906-1970) (voir W. Feller (1943), The general form of the so-called law of interated logarithm, *Transactions Amer. Math. Soc., 54,* 373-402). Feller remplace la fonction $\varphi(t) = \sqrt{2t \log\log t}$ par une fonction croissante positive $\varphi(t)$ quelconque. Il montre alors que, presque partout en $x \in [0, 1]$:

a) Si $\sum_n \frac{\varphi(n)}{n} \exp\left(\frac{\varphi^2(n)}{2}\right) < \infty$, alors, pour tout n suffisamment grand, on a

$$-\varphi(n)\sqrt{n} \leq S_n(x) \leq \varphi(n)\sqrt{n}.$$

b) Si $\sum_n \frac{\varphi(n)}{n} \exp\left(\frac{\varphi^2(n)}{2}\right) = \infty$, alors, pour une infinité d'indices n, on a

$$S_n(x) \leq \varphi(n)\sqrt{n} \text{ ou } S_n(x) \geq \varphi(n)\sqrt{n}.$$

Bien que l'interprétation qui puisse être faite, par le *calcul des probabilités,* de la convergence des moyennes d'un développement dyadique vers 1/2, soit aisée à concevoir, cette loi n'en exprime pas moins un résultat précis de *théorie des nombres.* En prenant conscience de ce fait, on saisit à quel point la théorie des probabilités prend racine profondément dans les mathématiques les plus fondamentales. De tels exemples ont été d'ailleurs amplement utilisés par les tenants des *probabilités objectives* (présentes dans la nature) pour réfuter les arguments des *subjectivistes* (selon lesquels les probabilités n'ont pas d'existence naturelle).

Nous sommes désormais en mesure de mieux saisir la nature logique de la convergence des moyennes dans une répétition infinie de jeux de pile ou face. En fait, la réalisation physique d'un tel jeu imite parfaitement, si on y réfléchit quelque peu, le choix « au hasard » d'un nombre réel sur l'intervalle [0, 1]. Il s'agit d'une *simulation physique* de la notion *abstraite* de suite aléatoire, où le choix des « nombres au hasard » est réalisé par un mécanisme humain, consistant à jeter une pièce de monnaie en l'air.

Il est, en général, assez difficile de vérifier si un nombre donné est *normal* (c'est-à-dire possède un développement dyadique vérifiant la loi des grands nombres) ou non. On sait, en tout cas, que les nombres rationnels, de la forme *p/q,* avec *p, q* entiers, ne sont pas des *nombres normaux,* du fait de la périodicité des éléments de leur développement (voir A. Rényi (1948), *Mat. Tidsskrift B,* 41-48).

Comme conclusion de ce chapitre, qu'il nous soit permis de citer Émile Borel (É. Borel (1958), *Calcul des probabilités,* Paris, Gauthier-Villars, p. 92) : « Le jeu de pile ou face, dont le principe est si simple, possède un très grand caractère de généralité et conduit, lorsqu'on l'étudie en détail, aux mathématiques les plus élevées. »

Chapitre VI

AUTRES EXEMPLES DE CALCUL DES PROBABILITÉS EN THÉORIE DES NOMBRES ; HARDY ET RĀMĀUJAN, ERDŐS, KAC ET LÉVÊQUE, DÉVELOPPEMENTS EN FRACTIONS CONTINUES

Les travaux de Borel sur les *nombres normaux,* et sur la loi des grands nombres, exprimée en termes de développements dyadiques, que nous avons évoqués au chapitre V, sont des illustrations éloquentes des liens entre le calcul des probabilités et la théorie des nombres. On a là, en effet, un domaine très vaste, où il est possible de démontrer des résultats en apparence très loin de l'idée même de hasard, et qui ne sont en fait que des lois probabilistes exprimées dans un contexte particulier.

Il faudrait davantage qu'une simple monographie pour évoquer toutes ces applications, et nous ne pouvons en mentionner ici qu'une petite sélection.

Les nombres normaux de Borel sont des réels, dont la structure n'est pas totalement élémentaire. Il est plus aisé pour nous de manipuler des *nombres entiers,* et nous allons ci-dessous nous limiter à des exemples de structures probabilistes naturellement présentes dans ces objets arithmétiques.

Soit donc un nombre entier n, tel que $n = 252$. Un tel nombre possède une décomposition en facteurs premiers de la forme $n = p_1^{k_1}\, p_2^{k_2} \ldots p_r^{k_r}$, où $1 < p_1 < p_2 < \ldots p_r$ sont des *nombres premiers distincts* (un nombre p est *premier* s'il n'admet pas d'autres diviseurs que 1 et lui-même), et $k_1, \ldots, k_r$ sont des nombres entiers non nuls.

Ainsi, $252 = 2^2 \times 3^2 \times 7$, $p_1 = 2$, $p_2 = 3$, $p_3 = 7$, $k_1 = 2$, $k_2 = 2$, $k_3 = 1$, et $r = 3$.

On désigna alors par $V(n) = k_1 + \ldots + k_r$ le *nombre total de facteurs premiers de n.* Dans l'exemple, de $n = 252$, $V(252) = 2 + 2 + 1 = 5$.

En 1917, les mathématiciens anglais G. H. Hardy (1877-1947), et indien, Srinivāsa Rāmānujan Iyengar (ஸ்ரீநிநிவச ரராமானுஜன், 1887-1920) obtiennent un résultat surprenant (G. H. Hardy et S. Rāmānujan (1917), The normal number of prime factors of *n*, *Quart. J.*, 76-92). Ils établissent que *presque tous les entiers n ont approximativement* log log *n* *facteurs premiers.* Plus précisément, ils ont montré, que pour toute suite numérique $\varphi(n)$, telle que $\varphi(n) \to \infty$ lorsque $n \to \infty$, la proportion, rapportée à *n*, des entiers $k = 1, \ldots, n$, tels que :

$$\left|\frac{V(k) - \log\log n}{\sqrt{\log\log n}}\right| \geq \varphi(n),$$

tend vers 0 lorsque $n \to \infty$.

Le moins qu'on puisse dire est que ce résultat fait penser à une espèce de loi des grands nombres arithmétique. Cependant, le rapport de cette propriété avec le calcul des probabilités ne fut pas mis en évidence immédiatement, car Hardy et Rāmānujan n'avaient pas conçu leur démonstration dans cet esprit.

Il fallut attendre un article de 1934 (P. Turán (1934), On a theorem of Hardy and Rāmānujan, *J. London Math. Soc, 9,* 274-276), du mathématicien hongrois Pál Turán (1910-1976), pour que soit enfin mise en évidence la nature probabiliste du théorème de Hardy et Rāmānujan. Turán put, en effet, donner une preuve très élémentaire de ce résultat par application de l'inégalité de Bienaymé-Tchebychev, bien connue des probabilistes (et due à Irénée Jules Bienaymé (1796-1878)). Cette découverte eut un très grand retentissement, dans la mesure où il s'agissait de la première application importante du calcul des probabilités à l'arithmétique.

Elle fut suivie par une multitude de travaux analogues, montrant la puissance des outils mathématiques créés au départ pour l'analyse des phénomènes aléatoires, et la richesse de leurs applications.

Il se trouve qu'à une *loi des grands nombres* est souvent associé un *théorème central limite,* comme c'est le cas pour les sommes de variables indépendantes. Le théorème de Hardy et Rāmānujan n'échappe pas à la règle, comme l'ont montré Pál Erdős et Mark Kac, en 1940 (P. Erdős et M. Kac (1940), The Gaussian law of errors in the theory of additive number theoretical functions, *Amer. J. Math, 62,* 738-742). Mentionnons au passage que le mathématicien hongrois Pál Erdős (1913-1996) est une personnalité scientifique célèbre ayant eu rien moins que 504 coauteurs de publications scientifiques (dont d'ailleurs l'auteur de cet ouvrage). *Le résultat d'Erdős et Kac permet de construire la distribution de Laplace-Gauss, si typiquement probabiliste, par une simple énumération de nombres entiers.* Ils obtiennent que *si* $N_n(x)$ désigne le nombre d'entiers $k = 1, 2, \ldots, n$, tels que

$$\frac{V(k) - \log\log n}{\sqrt{\log\log n}} \leq x,$$

alors, pour tout $x \in \mathbb{R}$, lorsque $n \to \infty$, le rapport $N_n(x)/n$ converge vers la fonction de répartition de la loi normale N(0, 1) standard, au sens que :

$$\lim_{n \to 8} \frac{N_n(x)}{n} = \Phi(x) = \frac{1}{\sqrt{2\pi}} \int_{-\infty}^{x} e^{-t^2/2}\, dt.$$

La vitesse de cette convergence a été obtenue en 1958 par Rényi et Turán (Alfred Rényi (1921-1970) est un célèbre mathématicien hongrois), qui ont confirmé une conjecture de Lévêque datant de 1949, en montrant que, lorsque

$n \to \infty$,

$$\frac{N_n(x)}{n} = \Phi(x) + O\left(\frac{1}{\sqrt{\log\ \log\ n}}\right),$$

vitesse qui ne peut être améliorée.

On revoit ici apparaître la fonction du *logarithme itéré,* que nous avions évoquée à la fin du chapitre V, soit $\log\log x = \log(\log x)$. Cette fonction croît théoriquement vers l'infini, lorsque $x \uparrow \infty$, mais le fait avec une lenteur considérable, de sorte que $\log\log n$ se comporte, pour les échelles de nombres « humaines », comme une quasi-constante. Ainsi, pour :

$x = 1\ 000$, $\log\log x \cong 1{,}9$,

$x = 1\ 000\ 000\ 000 = 10^9$, $\log\log x \cong 3{,}0$,

$x = 10^{100}$, $\log\log x \cong 5{,}4, \ldots$

On notera, au passage, que le nombre d'atomes dans l'univers est (à quelques décimales près) évalué à un ordre de grandeur de 10^{80}, ce qui donne une idée de l'ordre de grandeur du choix de n qu'il faudrait prendre pour obtenir une précision appréciable dans ces théorèmes. Ainsi, compte tenu des résultat de Lévêque, et de Rényi et Turán (1958), le théorème d'Erdős et Kac (1940) n'est pas d'une grande utilité pratique pour évaluer la fonction de répartition normale. Il faudrait, en effet, que n soit fantastiquement grand pour arriver à un résultat précis au niveau de la première décimale.

La fonction $V(n)$ [= le nombre de facteurs premiers de n] n'est qu'un exemple de *fonction arithmétique additive.* Une fonction numérique $f(n)$, $n = 1, 2, \ldots$, est de ce type si $f(mn) = f(m) + f(n)$ lorsque m et n sont premiers entre eux [en sus de $V(n)$, un exemple de fonction arithmétique additive est donné par $\log \varphi(n)$ où $\varphi(n)$ est la *fonction d'Euler,* définie comme le nombre d'entiers $k = 1, 2, \ldots, n-1$, premiers avec n].

Rényi et Turán (*Acta Arith., 4,* 71-84) ont montré que le résultat d'approximation obtenu plus haut pour $V(n)$ restait en fait vrai pour un ensemble très large de fonctions arithmétiques additives. Les recherches dans ce domaine restent, à ce jour, très actives.

Un autre exemple de présence de structure probabiliste en théorie des nombres est donné par la *décomposition en fractions continues.* Tout nombre irrationnel x, compris entre 0 et 1, peut être décomposé de manière unique en fraction continue selon la formule :

$$x = \cfrac{1}{a_1(x) + \cfrac{1}{a_2(x) + \cfrac{1}{a_3(x) + \ldots}}},$$

où la suite $\{ a_k(x) : k \geq 1 \}$ est construite par récurrence comme suit. Désignons par $\lfloor u \rfloor$ la partie entière de u (définie comme le plus grand nombre entier $\leq u$). Posons ensuite $T(u) = (1/u) - \lfloor 1/u \rfloor$. On définit alors la suite $\{ a_k(x) : k \geq 1 \}$ par récurrence, en posant :

$$a_1(x) = \lfloor 1/x \rfloor,$$

$$a_{k+1}(x) = a_k(T(x)) = a_1(T^k(x)) \text{ pour } k \geq 1.$$

On remarquera que, lorsque x est irrationnel, la suite $a_k(x)$, $k = 1, 2, \ldots$, est une suite de nombres entiers tels que $a_k(x) \geq 1$.

Par contre, la suite s'arrête à partir d'un certain rang lorsque x est un nombre rationnel. De plus, lorsque x est irrationnel, on a le résultat limite :

$$x = \cfrac{1}{a_1(x) + \cfrac{1}{\dots + \cfrac{1}{a_{n-1}(x) + \cfrac{1}{r_n(x)}}}}$$

$$= \lim_{n\to\infty} \cfrac{1}{a_1(x) + \cfrac{1}{\dots + \cfrac{1}{a_{n-1}(x) + \cfrac{1}{a_n(x)}}}}.$$

Il est particulièrement intéressant d'évaluer le reste $r_n(x) \in [1, \infty]$, défini par :

$$r_n(x) = a_n(x) + \cfrac{1}{a_{n+1}(x) + \cfrac{1}{a_{n+2}(x) + \dots}}.$$

Ce problème a été abordé par Gauss (1812) dans une lettre à Laplace, où il remarquait que, pour tout $t \in [0, 1]$ la mesure (de Lebesgue) $\lambda(\cdot)$ de l'ensemble (noté $\{ r_n^{-1}(\cdot) \leq t \}$ $= \{ x \in \mathbb{R} : 1/r_n(x) \leq t \}$) des points x de $[0, 1]$ tels que $1/r_n(x)$ soit inférieur à t, a une limite, lorsque $n \to \infty$, donnée par :

$$\lim_{n\to\infty} \lambda(r_n^{-1}(\cdot) \leq t) = \frac{\log(1+t)}{\log 2}.$$

On obtient ainsi que $1/r_n(x)$ se comporte comme une variable aléatoire. Plusieurs questions demeurent, à ce jour, non résolues concernant cette limite. Pour ce qui est de l'erreur :

$$\mathrm{E}_n(t) = \lambda(r_n^{-1}(\cdot) \leq t) - \frac{\log(1+t)}{\log 2},$$

on ne connaît pas encore sa vitesse exacte de convergence vers 0. Kuzmin obtint en 1929 qu'elle était d'ordre $O\left(q^{\sqrt{n}}\right)$, pour un nombre q (inconnu) tel que $0 < q < 1$. Paul Lévy améliora ce résultat en établissant l'ordre $O(q^n)$, pour un choix (inconnu) de $q < 0,7$. Plus récemment Szüsz, en 1961, prouva que, dans la borne de Levy, on pouvait choisir $q < 0,4$. La détermination de l'ordre optimal de convergence de $E_n(t)$ vers 0 demeure donc un problème ouvert difficile.

La modélisation des fractions continues en termes de probabilité peut être faite en prenant comme espace d'événements élémentaires $\Omega = [0, 1]$, et comme mesure de probabilité une mesure quelconque sur Ω. Dans le cas particulier de la mesure de Lebesgue, on observe un résultat de convergence vers un *régime stationnaire*. Celui-ci est associé à la *mesure de Gauss sur* [0, 1], notée $\gamma(\cdot)$ et définie par :

$$\gamma(A) = \frac{1}{\log 2} \int_A \frac{dx}{1+x},$$

pour toute partie mesurable A de [0, 1]. Étant donné une variable aléatoire X de loi de probabilité définie par la mesure de Gauss, soit telle que $P(X \in A) = \gamma(A)$, pour A partie mesurable de [0, 1], la suite aléatoire définie par $\{ a_n(X) : n \geq 1 \}$, et composée (avec probabilité 1) d'entiers positifs, possède alors la propriété remarquable de constituer une *suite stationnaire,* vérifiant, pour $k = 1, 2, \ldots$,

$$P(a_n(X) \geq k) = \gamma(\{ x : a_n(x) \geq k \}) = \frac{\log(1+1/k)}{\log 2}.$$

Pour plus de détails, on consultera : M. Iosifescu (1978), Recent advances in the metric theory of continued fractions, *Trans. VIII Prague Conf.*, vol. A, 27-40. Pour d'autres applications du calcul des probabilités à la théorie des nombres, on se référera à : M. Kac (1949), Probability methods in some problems of analysis and number theory, *Bull. Amer. Math. Soc., 55,* 1949, 641-655, ou encore : P. D. T. A. Elliott (1979), *Probabilistic Number Theory,* Springer, New York. D'autres exemples de simulation déterministe du hasard sont donnés par J. Bass (1984), *Fonctions de corrélation, fonctions pseudo-aléatoires et applications,* Paris, Masson, et dans l'ouvrage : L. Devroye (1986), *Non-Uniform Random Number Generation,* New York, Springer, téléchargeable librement sur le site : http:/cg.scs.carleto.ca/~luc/rnbookindex.htlm.

Chapitre VII

INDÉPENDANCE DE VARIABLES ALÉATOIRES, LE THÉORÈME DE KOLMOGOROV, FONCTIONS DE RADEMACHER, ÉCHANGEABILITÉ ET LE THÉORÈME DE DE FINETTI

Jusqu'ici, nous avons constamment manipulé sans explications la notion d'*indépendance,* selon laquelle deux variables aléatoires (nous désignerons ainsi désormais les nombres soumis aux lois du hasard) sont *indépendantes* si elles sont issues de phénomènes qui font que « le résultat observé pour l'une n'a pas d'influence sur l'autre ». Il s'agit d'une idée *physique* dont la formulation mathématique rigoureuse s'exprime comme suit. Tout d'abord, pour $n \geq 2$, on dit que les événements $E_1, \ldots, E_n$ sont *indépendants* si

$$P(E_{i_1} \cap \ldots \cap E_{i_k}) = P(E_{i_1}) \times \ldots \times P(E_{i_k}),$$

pour tout k-uplet d'indices tels que $1 \leq i_1 < \ldots < i_k \leq n$. Ceci impose $2^n - n - 1$ relations, et l'on observera que (sauf pour $n = 2$) l'indépendance de $E_1, \ldots, E_n$ n'est généralement pas impliquée par la seule relation

$$P(E_1 \cap \ldots \cap E_n) = P(E_1) \times \ldots \times P(E_n).$$

Plus généralement, les $n \geq 2$ variables aléatoires, définies sur le même espace de probabilités, $X_1, \ldots, X_n$ sont dites *indépendantes,* si, pour tout $A_1, \ldots, A_n \subseteq \mathbb{R}$, *mesurables* [c'est-à-dire tels que la probabilité des événements $E_i = \{ X_i \in A_i \}$ soit définie] les événements $E_i = \{ X_i \in A_i \}, .., E_n = \{ N_n \in A_n \}$ sont indépendants.

Pour illustrer ces définitions, montrons que la caractérisation ci-dessus de l'*indépendance* est identique au concept naturel d'*indépendance physique* de deux événements E et F, lorsque l'espace de probabilité est une union finie d'événements élémentaires équiprobables. On obtient, dans ce cas, sous réserve que $0 < P(E), P(F) < 1$, les relations :

$$P(E) = \frac{\text{nombre de cas où E a lieu}}{\text{nombre total de cas}},$$

$$P(F) = \frac{\text{nombre de cas où F a lieu}}{\text{nombre total de cas}}.$$

Dire que F n'a pas *physiquement* d'influence sur E revient à dire que les rapports :

$$\frac{\text{nombre de cas où E a lieu en même temps que F}}{\text{nombre de cas où F a lieu}}$$

et

$$\frac{\text{nombre de cas où E a lieu, mais pas F}}{\text{nombre de cas où F n'a pas lieu}}$$

sont identiques. Exprimés en termes de probabilité, l'identité des rapports s'écrit sous la forme :

$$\frac{P(E \cap F)}{P(F)} = \frac{P(E \cap (\Omega - F))}{P(\Omega - F)} = \frac{P(E) - P(E \cap F)}{1 - P(F)}.$$

En réduisant au même dénominateur, on aboutit à l'égalité :

$$P(E \cap F) - P(E \cap F)\,P(F) = P(E)\,P(F) - P(E \cap F)\,P(F).$$

Celle-ci est donc bien équivalente à la caractérisation « mathématique » de l'indépendance de E et F :

$$P(E \cap F) = P(E)\,P(F).$$

Ainsi, l'indépendance « physique » de deux événements est équivalente au fait que la probabilité de leur intersection soit égale au produit de leurs probabilités respectives.

Dans ce qui précède, on a supposé que $0 < P(F) < 1$, mais ici, $P(F) = 0$ équivaut à $F = \varnothing$, tandis que $P(F) = 1$ équivaut à $F = \Omega$, événements dont la réalisation ou la non-réalisation n'influe pas sur celle de E. On voit donc comment peut être caractérisée l'*indépendance physique* de E et F par la formule $P(E \cap F) = P(E)\,P(F)$.

Le raisonnement que nous venons de faire n'est pas sans admettre quelques hypothèses implicites, notamment celle que la connaissance du fait que F a eu lieu n'apporte aucune information sur la réalisation ou la non-réalisation des événements élémentaires qui le composent. Cette hypothèse permet de définir leur *probabilité conditionnelle* par le rapport (nombre de cas « favorables ») / (nombre de cas total).

La notion de *probabilité conditionnelle* que nous venons d'évoquer est l'un des concepts les plus délicats du calcul des probabilités. Elle se définit, néanmoins, très simplement, comme suit, en termes d'événements. Ainsi, la *probabilité conditionnelle* P(E | F) de E sachant F est définie par :

$$P(E \mid F) = \frac{P(E \cap F)}{P(F)}.$$

Cette formule est valable lorsque $P(F) \neq 0$. En écrivant de manière symétrique, sous réserve que $P(E) \neq 0$,

$$P(F \mid E) = \frac{P(E \cap F)}{P(E)},$$

on obtient, en combinant les deux formules, la célèbre *formule de Bayes* (dite de *réciprocité*) :

$$P(F \mid E) = \frac{P(E \mid F)P(F)}{P(E)},$$

ou, sous forme symétrique,

$$P(F \mid E)\, P(E) = P(E \mid F)\, P(F).$$

Au-delà de ces formules élémentaires, nous ne pourrons rentrer ici dans un exposé détaillé des problèmes mathématiques et physiques liés au *conditionnement*. En ce qui concerne ses fondements axiomatiques, nous renvoyons à la monographie : A. Rényi (1970), *Foundations of Probability,* San Francisco, Holden Day. Le traitement mathématique du conditionnement nécessite l'usage de techniques assez délicates de la théorie de la mesure, telles que le *théorème de Radon-Nikodym,* qu'il serait assez difficile d'expliquer dans un volume réduit. Il sera suffisant, pour les besoins de notre exposé, de se limiter à la référence heuristique aux notions physiques de *dépendance* ou d'*indépendance,* tous comptes faits, assez faciles à comprendre dans leur principe.

Nous admettrons ainsi, sans autre forme de procès, la notion de *loi de probabilité conditionnelle* d'une variable aléatoire X sachant une autre variable aléatoire Y. Ceci donne un sens à la probabilité, notée $P(X \in A \mid Y = y)$, que X prenne ses valeurs dans A, *sachant que* $Y = y$. Cette dernière probabilité pourra être interprétée heuristiquement (bien que cette formulation ne soit pas, non plus, toujours valable) comme une certaine forme limite de l'expression

$$\frac{P(\{X \in A\} \cap \{y - \delta y < Y \leq y + \delta y\})}{P(y - \delta y < Y \leq y + \delta y)},$$

lorsque $\delta y \to 0$.

L'*espérance conditionnelle* de X sachant que $Y = y$ pourra être alors définie comme l'espérance de la loi de probabilité conditionnelle de X sachant que $Y = y$.

Sur la base de ces définitions, il devient possible de construire une suite *infinie,* composée de répliques indépendantes d'une variable aléatoire de loi de probabilité quelconque. Ce point a une grande importance théorique, car il ne suffit pas d'admettre l'idée physique de l'existence d'une telle suite pour en déduire qu'elle a un sens en tant qu'objet mathématique, compatible avec les axiomes de la probabilité, selon Kolmogorov (c'est l'une des faiblesses de l'axiomatique de Von Mises, qui tient pour acquise une telle construction).

Cette opération s'effectue suivant les étapes suivantes :

1 / On dispose initialement de la *loi de probabilité* d'une variable aléatoire $X \in \mathbb{R}$. On peut prendre comme espace Ω d'événements élémentaires l'ensemble $\mathbb{R}$ des nombres réels, en identifiant l'événement $\{X = x\}$ à x. On choisit, ensuite comme algèbre $\mathcal{A}$ d'événements probabilisables, la tribu borélienne $\mathcal{B} = \mathcal{B}(\mathbb{R})$ définie comme la plus petite tribu de parties de $\mathbb{R}$ contenant les ouverts et les fermés. Ceci est rendu possible si on connaît, au départ, les probabilités $P(a < X \leq b)$, pour chaque choix de $a \leq b \in \mathbb{R}$. On obtient ainsi un *espace de probabilités* $(\Omega, \mathcal{B}, P)$.

2 / On définit les *lois de dimension finie,* en définissant, pour chaque $n \geq 1$, la loi de probabilité jointe de $(X_1, \ldots, X_n)$ par :

$$P(X_1 \in A_1, \ldots, X_n \in A_n) = \prod_{i=1}^{n} P(X_i \in A_i),$$

pour $A_1, \ldots, A_n \in \mathcal{B}$.

Ce procédé définit (grâce au théorème d'extension de Caratheodory, voir le chap. IV), pour tout $n \geq 1$, une probabilité P_n sur $\Omega_n := \mathbb{R}^n$, muni de l'algèbre d'événements $\sigma(\mathcal{B}^n)$ (comme dans le chapitre IV, on désigne par $\sigma(\mathcal{A})$ la plus petite tribu contenant $\mathcal{A}$).

3 / En répétant l'étape (2) pour chaque $n \geq 1$ on définit une probabilité P sur l'espace $\Omega_\infty := \mathbb{R}^{\mathbb{N}^*}$, avec $\mathbb{N}^* = \{ 1, 2, \dots \}$, des suites numériques infinies $(x_1, x_2, \dots)$. L'algèbre des événements probabilisables est, ici, la réunion $\mathcal{A} = \bigcup_{n \geq 1} \sigma(\mathcal{B}^n)$, de sorte que, si $A \in \mathcal{A}$, il existe un $n \geq 1$ tel que $A \in \sigma(\mathcal{B}_n)$, ce qui permet d'écrire :

$$P((X_1, X_2, \dots) \in A) = P((X_1, \dots, X_n) \in A) = P_n(A).$$

Ayant ainsi défini une probabilité P sur $\mathcal{A}$, dont la restriction à l'un quelconque des $\sigma(\mathcal{B}^n)$ coïncide avec P_n, le théorème d'extension de Caratheodory (voir le chap. IV) permet alors d'étendre, de manière unique, la définition de P en une probabilité P_∞ sur $\mathcal{A}_\infty = \sigma(\mathcal{A})$. On a ainsi construit l'espace de probabilités $(\Omega_\infty, \mathcal{A}_\infty, P_\infty)$ cherché.

Les trois étapes précédentes aboutissent à la définition d'une probabilité *globale* sur le *processus aléatoire* $(X_1, \dots, X_n, \dots)$ autorisant le calcul de la probabilité d'événements mettant en cause une infinité de termes de la suite. Un peu de réflexion montrera la logique et la simplicité du raisonnement, dont la seule étape délicate se situe dans l'unicité de l'extension, reposant sur le théorème de Caratheodory.

Le résultat ainsi obtenu est connu sous le nom de *théorème d'extension de Kolmogorov.* Le procédé, décrit ici pour la construction d'une suite de variables indépendantes de même loi, peut être utilisé à l'identique pour définir la loi de probabilité *globale* d'une suite aléatoire quelconque $(X_1, \dots, X_n, \dots)$ sous la seule réserve que les *lois de dimension finie,* à savoir, les lois de probabilité P_n de $(X_1, \dots, X_n)$ pour $n = 1, 2, \dots$, soient toutes *définies* et *compatibles.*

Le théorème d'existence de Kolmogorov n'aboutit à une construction facile que dans le cas de variables aléatoires indépendantes. Nous donnons maintenant d'autres exemples de constructions de suites aléatoires infinies, par des procédés divers. Dans cet esprit, la description faite au chapitre V, des liaisons entre les suites de jeux de pile ou face, codés en 0 et 1, et le développement dyadique de nombres $u \in [0, 1]$, fournit une construction (relativement) simple de suite aléatoire infinie. Rappelons que si U est une variable aléatoire de loi de probabilité uniforme sur [0, 1], c'est-à-dire telle que $P(U \le u) = u$ pour $0 \le u \le 1$, le développement dyadique de $U = \sum_{n=1}^{\infty} X_n/2^n$, fournit une suite infinie $(X_1, X_2, \ldots)$ de variables aléatoires indépendantes, de même loi, telle que $P(X_n = 1) = P(X_n = 0) = 1/2$, pour tout $n \ge 1$.

Un autre exemple, dans le même esprit, a été présenté au chapitre VI. Si on introduit un variable aléatoire X suivant une *mesure de Gauss* sur [0, 1], c'est-à-dire telle que $P(X \le x) = (\log(1 + x))/\log 2$, pour $x \in [0, 1]$ le développement de X en fraction continue, sous la forme

$$X = \cfrac{1}{X_1 + \cfrac{1}{X_2 + \ldots}},$$

définit, avec probabilité 1, une suite infinie $\{X_1, X_2, \ldots\}$ de variables aléatoires, à valeurs dans $\mathbb{N}^* = \{ 1, 2, \ldots \}$, et telles que, pour tout $n \ge 1$ et $k \in \mathbb{N}^*$, $P(X_n \ge k) = (\log(1 + 1/k))/\log 2$. On peut vérifier que cette suite est *stationnaire* (au sens que, pour tout $n \ge 1$ la loi jointe de $(X_k, X_{k+1}, \ldots, X_{k+n})$ ne dépend pas de $k \ge 1$. Par contre, les variables aléatoires $X_1, X_2, \ldots$, *ne sont pas indépendantes*.

Un autre exemple de construction *globale* de suite aléatoire est fournie par les *fonctions de Rademacher* (dues au mathématicien américain Hans Adolph Rademacher (1892-1969). Ces fonctions forment une suite $\{ R_n(x) : n \ge 0 \}$ de fonctions de $x \in [0, 1]$ définies par :

$$R_n(x) = \operatorname{sgn}\{ \sin(2^n \pi x) \}, \text{ où}$$

$$\operatorname{sgn}\{ u \} = 1 \text{ si } u > 0, \ \operatorname{sgn}\{ u \} = 0 \text{ si } u = 0, \ \operatorname{sgn}\{ u \} = -1 \text{ si } u < 0.$$

Les fonctions de Rademacher furent introduites en 1922 (H. A. Rademacher (1922), *Math. Ann., 87,* 112-138). Leur nature probabiliste fut reconnue par le mathématicien polonais Hugo Dyonizy Steinhaus (1887-1972), la même année (H. D. Steinhaus (1922), Les probabilités dénombrables et leur rapport à la théorie de la mesure, *Fund. Math., 4,* 286-310). La fonction $R_0(x) = 1$ pour tout $x \in [0, 1]$, est à mettre à part. Si comme plus haut, on désigne par U une variable aléatoire de loi de probabilité uniforme sur [0, 1], c'est-à-dire telle que $P(U \leq u) = u$ pour $0 \leq u \leq 1$, la suite aléatoire définie par $X_n = R_n(U)$, pour $n = 1, 2, \ldots$, constitue une suite de variables aléatoires indépendantes de même loi, telle que, pour tout $n \geq 1$,

$P(X_n = 1)\ P(X_n = -1) = 1/2.$

En d'autres termes, si on choisit un nombre U « au hasard » entre 0 et 1 (selon une loi de probabilité uniforme dans cet intervalle), la suite $R_1(U)$, $R_2(U)$, …, a des propriétés *identiques* à celles des résultats d'un jeu de pile ou face, dont les sorties auront été codées par 1 et – 1. Cette identification a lieu *avec probabilité* 1. On peut, en effet, objecter que $R_n(x)$ s'annule à partir d'un certain rang, si x est de la forme $k/2^n$ avec k entier. Toutefois, l'ensemble des $x \in [0, 1]$ de cette forme est de mesure de Lebesgue nulle, et peut donc être négligé.

En passant, Rademacher avait étudié la convergence des séries de la forme :

$$\sum_{n=1}^{\infty} c_n\ X_n = \sum_{n=1}^{\infty} c_n\ R_n(U).$$

Il avait montré que la convergence de la série avait lieu avec probabilité 1 (ce qui équivaut à dire que l'ensemble des $x \in [0, 1]$ tel que $\sum_{n=1}^{\infty} c_n\ R_n(x)$ ne converge pas est de mesure de Lebesgue nulle), pourvu que $\sum_{n=1}^{\infty} c_n^2 < \infty$. Il fallut attendre 1925 pour que Kolmogorov et Khintchine établissent la réciproque. Ces travaux précurseurs inspirèrent un résultat fondamental de Kolmogorov, connu sous le nom de *théorème des trois séries,* et donnant des conditions nécessaires et suffisantes pour la convergence de séries de variables aléatoires indépendantes (A. N. Kolomogorov (1928), *Math. Ann., 99,* 309-319 ; et A. N. Kolomogorov (1929), *Math. Ann., 102,* 484-489).

Une des idées fondatrices du calcul des probabilités est la notion d'*échangeabilité.* Dans le cas d'un jeu où le nombre de cas possible est fini, c'est justement le principe que ces possibilités soient *mutuellement échangeables,* telles des billes mélangées dans un sac, qui justifie l'idée de leur attribuer des probabilités identiques, et de raisonner en conséquence. On dit, en général, que les variables aléatoires $\{ X_i, i \in I \}$, où I est un ensemble d'indices (fini ou non), sont *échangeables,* si pour toute famille finie $\{ i_1, \ldots, i_n \} \subseteq I$ d'indices distincts, la loi de probabilité jointe de $(X_{i_1}, \ldots, X_{i_n})$ ne dépend pas des choix particuliers des indices $i_1, \ldots, i_n$. Comme nous allons le voir, la structure des suites aléatoires échangeables *infinies* est très spécifique, en ce qu'elle ne diffère pas beaucoup du cas de l'indépendance.

L'exemple le plus simple de suite échangeable infinie est donnée par une suite $Y_1, Y_2, \ldots,$ de variables aléatoires indépendantes de même loi. Il est, toutefois, facile de construire des exemples moins triviaux. Par exemple, si Y désigne une variable aléatoire indépendante de la suite précédente $Y_1, Y_2, \ldots,$ la suite $Y + Y_1, Y + Y_2, \ldots,$ reste encore échangeable, bien que, cette fois-ci, composée de variables *dépendantes.* On ne s'éloigne pourtant pas tellement ici du cas où les variables sont indépendantes. En effet, la *loi conditionnelle* de $Y + Y_1, Y + Y_2, \ldots,$ sachant que $Y = y$ est celle de $y + Y_1, y + Y_2, \ldots,$ qui constitue une suite de variables aléatoires indépendantes de même loi. En supposant, dans cet exemple, que $E(Y_1) = \mu$ existe, la loi des grands nombres implique que, avec probabilité 1, $Y = -\mu + \lim_{n\to\infty} \frac{1}{n} \sum_{i=1}^{n} \{Y + Y_i\}$, expression impliquant que Y soit complètement déterminé par l'observation des valeurs de la suite $Y + Y_1, Y + Y_2, \ldots$ En 1937, le mathématicien italien Bruno de Finetti (1906-1985), célèbre représentant de l'*école subjectiviste* (voir le chap. IV), développa cette idée dans un contexte plus général (B. de Finetti (1937), La prévision, ses lois logiques, ses sources subjectives, *Ann. Inst. Henri-Poincaré, 7,* 1-68) en établissant le théorème suivant :

Une suite infinie $X_1, \ldots, X_n, \ldots,$ *de variables aléatoires est échangeable, si et seulement si elle est conditionnellement indépendante, c'est-à-dire telle que la loi conditionnelle de* $X_1, \ldots, X_n, \ldots,$ *pour un certain conditionnement soit celle d'une suite de variables aléatoires indépendantes de même loi.*

Il convient ici de préciser le type de conditionnement utilisé. On pose, pour tout $x \in \mathbb{R}$, et $n \geq 1$,

$$\xi_n(x) = \frac{1}{n} \sum_{i=1}^{n} 1_{\{X_i \leq x\}},$$

où $1_A = 1$ si A a lieu, et $1_A = 0$ si A n'a pas lieu, désigne la fonction indicatrice de A. Il est alors possible de prouver que, avec probabilité 1, la suite de fonctions $\xi_n(x)$ converge, uniformément en $x \in \mathbb{R}$, vers une limite (aléatoire) $\xi(x)$. De plus, dans ce cas, la loi conditionnelle de $X_1, X_2, \ldots$, sachant $\xi(\cdot)$ est celle d'une suite de variables aléatoires indépendantes de même loi.

L'importance théorique du théorème de B. de Finetti est considérable, puisque celui-ci implique une liaison très intime entre les notions d'indépendance et d'échangeabilité. De fait, si on observe *une* réalisation particulière de suite échangeable infinie, cela revient implicitement à se fixer, pour cette réalisation, la valeur de $\xi(\cdot)$, et la suite observée aura alors, pour l'observateur, toutes les propriétés d'une suite de variables aléatoires indépendantes et de même loi.

Pour illustrer cette propriété, considérons un joueur de pile ou face, qui réalise une suite de jeux échangeables, du seul fait qu'il lance toujours la pièce de la même manière. Il fournit ainsi une suite de résultats, qui ne sont mutuellement indépendants que parce qu'ils sont conditionnés par son *modus operandi*. On pourrait réaliser une suite de jeux sensiblement différente en faisant appel à un autre joueur. On obtient par cet exemple une illustration du mode d'intervention du conditionnement dans une suite échangeable infinie. *Conditionnellement au joueur,* la suite des jeux de pile ou face est donc composée de variables indépendantes de même loi.

Chapitre VIII

LES LOIS DU ZÉRO OU UN POUR LES SUITES INDÉPENDANTES BOREL-CANTELLI, KOLMOGOROV ET HEWITT-SAVAGE ; LE MANICHÉISME DES LOIS DE LA CHANCE, MARTINGALES

L'outil de base pour la démonstration des lois des grands nombres est le *lemme de Borel-Cantelli* (1909-1917) exprimant que si $\{ A_n, n \geq 1 \}$ est une suite d'événements :

1 / Si $\sum_{n \geq 1} P(A_n) < \infty$, alors, avec probabilité 1, il n'existe qu'un nombre fini d'événements parmi la suite $\{ A_n : n \geq 1 \}$ qui ont lieu simultanément ;

2 / Si, inversement, $\sum_{n \geq 1} P(A_n) < \infty$, et si, de plus, les $\{ A_n : n \geq 1 \}$ sont indépendants, alors, avec probabilité 1, il existe une infinité d'événements parmi la suite $\{ A_n : n \geq 1 \}$ qui ont lieu simultanément.

Le lemme de Borel-Cantelli, appliqué aux suites d'événements indépendants, énonce une propriété du « tout ou rien ». *Il ne peut y avoir de situation intermédiaire* où, pour $0 < p < 1$, un nombre fini d'événements parmi $\{ A_n : n \geq 1 \}$ se réalise avec probabilité *p,* et une infinité d'événements de ce type se produit avec probabilité $1 - p$. En effet, la série $\sum_{n \geq 1} P(A_n)$ n'a d'autre alternative que de converger ou de diverger.

[La démonstration de ce lemme est fort simple. Si $\sum_{n \geq 1} P(A_n) < \infty$, alors $\sum_{m \geq n} P(A_m) \to 0$, lorsque $n \to \infty$, et, par conséquent, $P\left(\bigcup_{m=n}^{\infty} A_m \right) \leq \sum_{m \geq n} P(A_m) \to 0$. On en déduit que $P\left(\limsup_{n \to \infty} A_n \right) = P\left(\bigcup_{n=1}^{\infty} \bigcap_{m=n}^{\infty} A_m \right) = 0$. Réciproquement, si les

$\{ A_n : n \geq 1 \}$ sont indépendants et tels que $\sum_{n \geq 1} P(A_n) = \infty$ alors :

$$1 - P\left(\bigcup_{m=n}^{\infty} A_n\right) = P\left(\bigcap_{m=n}^{\infty} (\Omega - A_m)\right) = \lim_{k \to \infty} \prod_{m=n}^{k} (1 - P(A_m))$$

$$\leq \lim_{k \to \infty} \exp\left(- \sum_{m=n}^{k} P(A_m)\right) = 0,$$

ce qui implique que $P\left(\limsup_{n \to \infty} A_n\right) = 1$.]

Le lemme de Borel-Cantelli (É. Borel (1909), *Éléments de la théorie des probabilités,* Paris, Hermann ; F. Cantelli (1917), Su due applicazioni di un teorema di G. Boole, *Rendi Conti della Acad. Naz. dei Lincei, 26,* 39-45) est l'un des premiers théorèmes du calcul des probabilités à mettre en évidence le fait que, pour une famille très large d'événements limites liés à une suite de variables aléatoires indépendantes, *la probabilité ne peut prendre que les valeurs* 0 *ou* 1.

Francesco Paolo Cantelli (1875-1966) fit usage, dans sa démonstration de 1917, des techniques utilisées antérieurement par Borel, en 1909, pour démontrer une version de la loi forte des grands nombres. Les idées de Borel n'étaient initialement exprimées que de façon rudimentaire, et ce fut le grand mérite de Cantelli de les mettre en forme pour les rendre utilisables dans un cadre élargi.

L'idée que, d'une manière générale, certains événements ne pouvaient être que certains ou impossibles, avec probabilité 1, fut exprimée de façon explicite et définitive par Kolmogorov (A. N. Kolmogorov (1933), *Grundbegriffe der Wahrscheinlichkeitsrechnung,* Berlin, Springer). Déjà, Kolmogorov avait pu constater (voir A. N. Kolmogorov (1929), Über das Gesetz der iterierten Logarithmus, *Math. Ann., 101,* 126-136, et A. N. Kolmogorov (1930), Sur la loi forte des grands nombres, *C. R. Acad. Sci. Paris, 191,* 910-930) que pour une suite de variables aléatoires indépendantes, chaque fois qu'une loi des grands nombres était vraie sous une forme *faible,* cette loi était également vraie sous forme *forte* avec des hypothèses très voisines. Par exemple pour la convergence des moyennes, lorsque

$$P\left(\left|\frac{1}{n} \sum_{i=1}^{n} (X_i - E(X_i))\right| > \varepsilon\right) \to 0,$$

pour tout $\varepsilon > 0$. La version forte de cette loi exprime que

$$P = \left(\left| \frac{1}{n} \sum_{i=1}^{n} (X_i - E(X_i)) \right| \to 0 \right) = 1.$$

On appelle *événements de queue* associés à une suite infinie $X_1, \ldots, X_n, \ldots$ de variables aléatoires, les événements, déterminés par l'observation complète de la suite, et *qui ne sont pas affectés par une modification arbitraire d'un nombre fini de ses éléments*. À titre d'exemple, l'événement $\left\{ \lim_{n \to \infty} \frac{1}{n} \sum_{i=1}^{n} X_i = \mu \right\}$ est un événement de queue, puisqu'il ne dépend pas des valeurs prises par $X_1, \ldots, X_k$, et ce, pour tout $k \geq 1$ fixé.

On construit explicitement l'ensemble des événements de queue, en introduisant tout d'abord la tribu, notée $\sigma(X_n, X_{n+1}, \ldots)$ de tous les événements observables au-delà de n (c'est-à-dire caractérisés par la connaissance de $X_n, X_{n+1}, \ldots$). On définit alors la tribu $\mathscr{A}_\infty$ des événements de queue par :

$$\mathscr{A}_\infty = \bigcap_{n=1}^{\infty} \sigma(X_n, X_{n+1}, \ldots).$$

La loi du 0 *ou* 1 *de Kolmogorov exprime alors que pour toute suite* $X_1, \ldots, X_n$ *de variables indépendantes, un événement de queue ne peut avoir que la probabilité* 0 *ou* 1.

[La démonstration de ce résultat, si profond, est d'une très grande simplicité. Elle consiste à vérifier qu'un événement de queue $Q \in \mathscr{A}_\infty$ appartient nécessairement à tous les $\sigma(X_n, X_{n+1}, \ldots)$. Par conséquent, Q est indépendant de tous les événements observables avant *n, i.e.* appartenant à $\sigma(X_1, \ldots, X_{n-1})$. Mais alors Q est indépendant de la tribu engendrée par ces événements, soit :

$$\sigma\left(\bigcup_{n=2}^{\infty} \sigma(X_1, \ldots, X_{n-1}) \right) = \mathscr{A} \supseteq \mathscr{A}_\infty.$$

Ceci implique que Q est indépendant de lui-même ! La première surprise passée devant cette situation inhabituelle, on constate qu'elle signifie que :

$$P(Q \cap Q) = P(Q) = P(Q)^2,$$

qui n'est possible que dans les seuls cas où $P(Q) = 0$ ou 1.]

L'énoncé de la *loi du* 0 *ou* 1 *de Kolmogorov* montre l'intérêt des raisonnements sur les tribus d'événements. Au-delà de la notion d'*événement de queue,* on peut également s'intéresser à :

– *La tribu des événements invariants,* composée des événements A tels que, si A est satisfait pour $X_1 = x_1$, …, $X_n = x_n$, …, A l'est également pour $X_1 = x_2$, …, $X_n = x_{n+1}$, …

– *La tribu des événements permutables,* composée des événements A tels que, si A est satisfait pour $X_1 = x_1$, …, $X_n = x_n$, …, A l'est également pour $X_1 = x_{i_1}$, …, $X_n = x_{i_n}$, $X_{n+1} = x_{n+1}$, …, $X_1 = x_1$, …, $X_n = x_n$, …, quelle que soit la permutation $(i_1, \ldots, i_n)$ de $(1, \ldots, n)$.

À titre d'exemple, l'événement { Pour n assez grand, $X_{2n} \in A$ } est un événement de queue, mais pas un événement invariant. De la même manière, un événement tel que { Pour n assez grand, $\sum_{i=1}^{n} X_i \in A$ } est un événement permutable, mais pas un événement de queue. Un peu de réflexion montre que *tout événement invariant est un événement de queue,* et que *tout événement de queue est un événement permutable*.

La notion la plus faible que l'on puisse introduire pour des événements limites sur une suite est donc celle de la *permutabilité*. Cependant, il est clair que cette notion ne présente de l'intérêt que lorsqu'on a affaire à une suite *échangeable,* et, compte tenu du théorème de B. de Finetti (voir le chap. VIII), pour des suites de variables aléatoires conditionnellement indépendantes de même loi. Ceci laisse donc espérer qu'une extension de la loi du 0 ou 1 de Kolmogorov soit envisageable pour les événements permutables associés aux suites de variables indépendantes de même loi.

Hewitt et Savage (E. Hewitt et L. J. Savage (1955). Symmetric measures on Cartesian products, *Trans. Amer. Math. Soc., 80,* 470-501) ont montré que cette propriété est bien vraie, et que, *si* X_1, …, X_n, …, *est une suite de variables aléatoires indépendantes de même loi, alors tout événement permutable sur cette suite a une probabilité égale à* 0 *ou* 1 [Edwin Hewitt (1920-1999) et Leonard Jimmie Savage (1917-1971) sont des probabilistes américains].

La conclusion générale que l'on peut tirer de ces considérations est que, *dans l'ensemble des théorèmes limites probabilistes, on doit s'attendre à observer partout des lois fortes* du type « telle ou telle propriété est vraie avec probabilité 0 ou 1 ». Il s'agit ainsi du *cas général,* faisant qu'on n'a presque jamais de résultat du type « telle ou telle suite converge vers une limite avec probabilité $p \in (0, 1)$ ». On peut donc dire, d'une certaine manière, que la *loi naturelle, pour le calcul des probabilités, est d'engendrer des certitudes* dans le cadre de ses propriétés limites.

Bien que les lois du 0 ou 1 de Kolmogorov et Hewitt-Savage demeurent énoncées dans le cas particulier des suites indépendantes, elles se généralisent dans la plupart des cas dignes d'intérêt, mettant en évidence *un caractère universel de la loi du* 0 *ou* 1. Celui-ci exprime un caractère *manichéiste* des lois du hasard (beaucoup d'interprétations physiques ou autres ont été avancées pour faire d'un tel manichéisme une loi fondamentale de la nature. Nous ne rentrerons pas ici dans une telle discussion en nous limitant à l'énoncé mathématique de ces lois).

Nous avons déjà évoqué au chapitre III la notion de *martingale.* Nous reprenons l'étude de cette structure, sous une formulation de complexité minimale. Si $S_1, S_2, \ldots, \ldots$, est une suite aléatoire, on dit que c'est :

– une *martingale,* si, pour $n = 2, 3, \ldots$,

$$E(X_n \mid X_{n-1}, \ldots, X_1) = X_{n-1},$$

– une *sous-martingale,* si, pour $n = 2, 3, \ldots$,

$$E(X_n \mid X_{n-1}, \ldots, X_1) \geq X_{n-1},$$

– une *sur-martingale,* si, pour $n = 2, 3, \ldots$,

$$E(X_n \mid X_{n-1}, \ldots, X_1) \leq X_{n-1}.$$

On pourra retenir l'idée intuitive qu'une sous-martingale a « tendance à monter », tandis qu'une sur-martingale a « tendance à descendre ».

Si $X_1, \ldots, X_n, \ldots$, est une suite de variables aléatoires indépendantes de même loi, possédant une espérance finie $\mu = E(X)$, il est facile de constater que $S_n = X_1 + \ldots + X_n$ définit une sous-martingale si $\mu \geq 0$, une sur-martingale lorsque $\mu \leq 0$, et une martingale lorsque $\mu = 0$.

De la même manière, le montant des gains d'un joueur, après n jeux, lorsqu'il se livre à une suite de parties indépendantes, dont les espérances de gain sont en faveur de son adversaire, est une sur-martingale.

Le résultat fondamental de cette théorie est le *théorème de convergence des martingales,* établi dans sa version de base, par Doob en 1940 (J. L. Doob (1940), Regularity properties of certain families of chance variables, *Trans. Amer. Math. Soc., 47,* 455-486). Ce théorème montre qu'une martingale converge toujours vers une limite finie (avec probabilité 1), si la suite de ses espérances est bornée.

L'idée de départ de la démonstration de ce théorème est très simple. On considère une sous-martingale positive $T_1, T_2, \ldots, T_n, \ldots$ (heuristiquement, ayant « tendance à monter »), et on se fixe un intervalle borné $0 \leq a \leq b < \infty$ de $\mathbb{R}^+ = [0, \infty]$. On définit le nombre β_n de *traversées montantes* de $[a, b]$ entre 1 et n comme le nombre de fois où la suite $T_1, T_2, \ldots, T_n$ passe d'une valeur $\leq a$ à une valeur $\geq b$. On montre alors que :

$$bE(\beta_n) \leq E(T_n).$$

Comme T_n est une sous-martingale, $E(T_n)$ est une suite monotone non décroissante. Par conséquent, si la suite $E(T_n)$ est bornée, alors la limite $\lim_{n\to\infty} E(T_n)$ existe et est finie. Dans ce cas, on en déduit que le nombre total $\beta = \lim_{n\to\infty} \beta_n$ de traversées montantes de $[a, b]$ est fini avec probabilité 1. En faisant varier a et b, on peut alors conclure que :

Si $T_1, \ldots, T_n, \ldots$, *est une sous-martingale positive, telle que* $\sup_{n\geq 1} E(T_n) < \infty$, *alors, la limite* $\lim_{n\to\infty} T_n$ *existe et est finie avec probabilité* 1. *De plus, on a l'inégalité*

$$\lim_{n\to\infty} E(T_n) \leq E(\lim_{n\to\infty} T_n) > \infty.$$

Ce premier résultat se généralise à une sous-martingale $T_1, T_2, \ldots$, quelconque, en observant que la suite $\mathcal{T}_n = \max \{ T_n, 0 \}$ est, encore, une sous-martingale, si c'est déjà le cas pour $T_1, T_2, \ldots$ En utilisant, de même, le fait que si $S_1, S_2, \ldots$, est une martingale, alors $| S_1 |, | S_2 |, \ldots$, définit une sous-martingale positive, on en déduit le théorème de convergence des martingales, exprimant que :

Si $S_1, S_2, \ldots$, *est une martingale telle que* $\sup_{n\geq 1} E(| S_n |) \leq K < \infty$, *alors la limite* $\lim_{n\to\infty} S_n$ *existe, et est finie avec probabilité* 1. *Cette limite vérifie, de plus, l'inégalité* $E\left(\left|\lim_{n\to\infty} S_n\right|\right) \leq K$.

Derrière tous ces développements, d'apparence abstraite, se cache l'idée sous-jacente du jeu. *On doit interpréter une sous-martingale positive comme le montant des gains dans un jeu gagnant. Le théorème de convergence des martingales montre que ce montant converge toujours vers une limite lorsque son espérance reste bornée.*

On peut en déduire que, *dans une suite de parties entre deux joueurs disposant de fortunes finies, et à condition que le jeu reste, du début à la fin, soit équilibré, soit en faveur du même joueur, alors, avec probabilité* 1, *la partie se termine toujours par la ruine de l'un des deux joueurs.*

Pour montrer la puissance des méthodes basées sur les martingales, mentionnons qu'il est possible de déduire la loi des grands nombres usuelle du théorème de convergence des martingales. En effet, si $X = X_1, \ldots, X_n, \ldots$, désigne une suite de variables indépendantes de même loi centrée (c'est-à-dire telle que $E(X) = 0$), et si on pose

$$S_n = X_1 + \ldots + X_n,$$

alors, la suite..., S_n/n, $S_{n-1}/(n-1)$, ..., S_1, écrite dans l'ordre décroissant des indices, est une martingale. Par application du théorème de convergence des martingales, on en déduit que si $E(X)$ existe S_n/n tend vers une limite avec probabilité 1, limite qui ne peut être que constante et donc égale à $E(X)$, par application la loi du 0 ou 1 de Kolmogorov.

Depuis la mise en évidence de l'intérêt des martingales par Joseph Leo Doob (1910-2004) (voir J. L. Doob (1952), *Stochastic Processes,* New York, Wiley), l'usage des techniques correspondantes s'est généralisé dans le calcul des probabilités jusqu'à devenir l'un de ses outils de base. En fait, la majorité des lois des grands nombres classiques du calcul des probabilités peuvent être démontrées, grâce à de telles méthodes.

Chapitre IX

LA THÉORIE ERGODIQUE ET LE CARACTÈRE UNIVERSEL DE LA CONVERGENCE DES MOYENNES DE SUITES STATIONNAIRES

La *théorie ergodique probabiliste* est l'étude des transformations d'un espace d'événements dans lui-même qui laissent la probabilité invariante.

L'idée d'*ergodicité* est née, loin du calcul des probabilités, dans l'étude de phénomènes mécaniques. Si on considère un système *conservatif,* c'est-à-dire évoluant de manière isolée de l'extérieur, et donc *conservant son énergie* sans pertes, il est possible de décrire son caractère *conservatif* en termes de ses coordonnées généralisées de *position* $\mathbf{x} = (x_1, \ldots, x_N)$, si le système a N degrés de liberté, et de *moments* $\mathbf{p} = (p_1, \ldots, p_N)$.

Si $H = H(\mathbf{x}, \mathbf{p})$ désigne le *hamiltonien* du système, représentant l'*énergie* qu'il possède, l'évolution du système en fonction du temps t est régie par les *équations hamiltoniennes* :

$$\frac{dx_i}{dt} = \frac{\partial H}{\partial p_i} \text{ et } \frac{dp_i}{dt} = -\frac{\partial H}{\partial x_i} \text{ pour } i = 1, \ldots, N.$$

À titre d'exemple, le *mouvement d'un point pesant* (ou solide ponctuel de masse m), soumis aux seules forces de gravité et d'inertie, est décrit dans un repère vertical (fig. 5) par les équations :

1 / Énergie totale :

$$H = \{ \text{énergie cinétique} \} + \{ \text{énergie potentielle} \}$$
$$= \frac{1}{2} mv^2 - mgx,$$

avec les conventions : v = vitesse = dx/dt, x = position verticale, g = constante de gravitation = 9,81 m/s^2.

2 / On pose, dans les équations ci-dessus, $x_1 = x$, $p_1 = p = mv$, N = 1. On vérifie que les équations hamiltoniennes sont satisfaites, puisque :

$$\frac{dx}{dt} = \frac{\partial H}{\partial p_i} = - \frac{\partial(mv^2/2)}{\partial(mv)} = v, \text{ et}$$

$$\frac{dp}{dt} = - \frac{\partial H}{\partial x} = mg = m\frac{d^2x}{dt^2}.$$

Fig. 5. – Mouvement d'un point soumis aux lois de la pesanteur

Ainsi l'évolution du système peut être représentée par l'évolution d'un point :

$$\omega = (x_1, \ldots, x_N, p_1, \ldots, p_N) \in \mathbb{R}^{2N},$$

variant dans un espace à 2N dimensions, et fonction du temps t. Si maintenant on considère les variations de $\omega(t)$, relativement à sa position initiale $\omega(0)$, la transformation $\omega(0) \to \omega(t)$ définit une application τ_t, dépendant du temps t, de l'espace $\Omega := \mathbb{R}^{2N}$, dans lui-même, définie par :

$$\tau_t : \omega(0) \in \Omega \to \omega(t) = \tau_t(\omega(0)) \in \Omega.$$

La nature de la transformation τ_t est précisée par le *théorème de Liouville* qui établit l'*invariance de la mesure de Lebesgue dans* $\Omega = \mathbb{R}^{2N}$, *par cette application.*

Dans l'exemple du *mouvement d'un point pesant,* on vérifie le théorème de Liouville dans $\mathbb{R}^2$, en constatant que les équations hamiltoniennes du mouvement se réduisent, pour une position initiale x_0 et une vitesse initiale v_0 à :

$$x = \frac{1}{2}gt^2 + v_0 t + x_0 \text{ et } mv = mgt + mv_0.$$

Ainsi, dans cet exemple, la transformation τ_t est définie dans $\mathbb{R}^2$ par :

$$\tau_t \begin{pmatrix} u \\ v \end{pmatrix} = \begin{pmatrix} u + t\dfrac{v}{m} + \dfrac{1}{2}gt^2 \\ v + mgt \end{pmatrix},$$

transformation de $\mathbb{R}^2$ dans lui-même qui conserve bien la mesure de Lebesgue.

L'étude de systèmes *conservant l'énergie* s'apparente donc à l'étude des transformations, dépendant du temps, de l'espace $\Omega = \mathbb{R}^{2N}$ dans lui-même, qui *conservent la mesure de Lebesgue* dans cet espace. De ceci vient le nom de *théorie ergodique (ergos = énergie).*

En probabilités, on part d'une *suite stationnaire* définie comme une suite de variables aléatoires X_1, X_2, …, définies sur le même espace de probabilités $(\Omega, \mathcal{A}, P)$ où $\Omega = \mathbb{R}^{N^*} = \mathbb{R}^{\{1, 2, \dots\}}$. On définit une *transformation conservant la probabilité* par $\omega \rightarrow \tau_1(\omega)$, où :

$$\tau_1 : (x_1, x_2, \dots, x_n, \dots) \in \Omega \rightarrow \tau_1(x_1, x_2, \dots, x_n, \dots) = (x_2, x_3, \dots, x_{n+1}, \dots) \in \Omega.$$

Dire que le processus est *stationnaire* revient à supposer que la loi de $(X_k, X_{k+1}, \dots)$ ne dépend pas de k. Ce caractère stationnaire est donc caractérisé par le fait que la transformation τ_1 est telle que, pour tout $A \in \mathcal{A}$,

$$P(\tau_1(A)) = P(A).$$

L'exemple le plus simple de suite stationnaire aléatoire est donné par une suite de variables aléatoires indépendantes de même loi. Un autre exemple de suite stationnaire, mentionné au chapitre VI, est fourni par les termes successifs du développement en fraction continue d'un nombre compris entre 0 et 1. À partir d'une première suite stationnaire aléatoire $\{ Y_n : n \in \mathbb{Z} \}$ indexée par $\mathbb{Z} = \{ 0, \pm 1, \pm 2, \dots \}$ on construit aisément d'autres suites stationnaires, par des *moyennes mobiles,* de la forme

$$X_n = \sum_{k=-M}^{M} a_k Y_{n-k} \text{ pour } n \in \mathbb{Z}.$$

Dans le cas de la description de l'évolution d'un fluide en mouvement, les équations hamiltoniennes décrivant le système en fonction du temps sont inutilisables, du fait qu'elles font intervenir trop de variables (autant que de particules composant le fluide), dont il est d'ailleurs impossible physiquement de déterminer toutes les positions initiales. Si on cherche néanmoins à décrire globalement le système, on est conduit à mesurer des quantités liées au phénomène. Si $\omega \in \Omega$ désigne le « point courant » du système, on s'intéresse à une fonction réelle $X(\omega)$, spécifiée, de ce point. Comme $X(\omega)$ n'est, lui-même, pas directement observable, on cherche à en évaluer une « valeur moyenne », par des expressions de la forme (avec $(\tau = \tau_t)$:

$$\frac{1}{n}\{X(\omega) + X(\tau(\omega)) + \ldots + X(\tau^{n-1}(\omega))\},$$

qui représentent des moyennes d'observations, échantillonnées à intervalles réguliers dans le temps.

Pour arriver à évaluer ces quantités, les physiciens ont été amenés à présumer que les moyennes précédentes établies *en fonction du temps* convergeaient vers des limites identiques à celles que l'on obtiendrait en faisant *à un instant donné* les mêmes moyennes *pour tous les composants individuels du fluide.*

Nous venons de décrire, d'une manière simpliste, ce que les physiciens appellent l'*hypothèse ergodique.* Son intérêt réside dans le fait que la plupart des déductions qu'elle permet d'établir sont confirmées par l'expérience. C'est donc une théorie efficace, au sens que son modèle semble bien s'adapter aux données.

Cependant, hors de toute considération physique, et loin de la mécanique des fluides, force est de constater que cette hypothèse ergodique revient finalement à postuler la *convergence probabiliste de moyennes* du type

$$\frac{1}{n}\{X(\omega) + X(\tau(\omega)) + \ldots + X(\tau^{n-1}(\omega))\},$$

lorsque $\tau : \Omega \to \Omega$ est une transformation laissant invariante la loi de probabilité dans l'espace $(\Omega, \mathcal{A}, P)$ et en désignant par $X(\omega)$ une variable aléatoire, déterminée par la valeur de l'événement élémentaire $\omega \in \Omega$. On constate alors, avec cette formulation, que *l'hypothèse ergodique est équivalente au fait que la suite stationnaire de variables aléatoires* $\{ X(\tau^n(\omega)) : n \geq 1 \}$ *vérifie une loi des grands nombres* (au sens de la convergence de ses moyennes vers une limite).

Dans quelles conditions a-t-on une telle loi limite ? Étant donné une suite aléatoire stationnaire $X_1, X_2, \ldots$, définie sur un espace de probabilités $(\Omega, \mathcal{A}, P)$, il est possible de définir pour cette suite la tribu $\mathcal{A}_I$ des *événements invariants* (voir le chap. VIII). Un élément A de $\mathcal{A}$ est invariant, si et seulement si $\tau(A) = A$. Rappelons (voir le chap. VIII) qu'un événement invariant est nécessairement un événement de queue.

Le *théorème ergodique* de base pour une telle suite a été montré par Birkhoff en 1931 (Proof of the ergodic theorem, *Proc. Nat. Acad. Sci. États-Unis,* 17), et généralisé, notamment par Khintchine (1933) et Riesz (1945-1947), sans oublier les contributions de Von Neumann, Yosida et Kakutani, Dunford et Miller, Doob, Hartman, Dowker et Ryll-Nardzewski. Le résultat exprime, pour une suite stationnaire $\{ X_n : n \geq 1 \}$, sous réserve de l'existence de E(X) (avec $X = X_1$), que, avec probabilité 1, *la limite*

$$\lim_{n \to \infty} \frac{1}{n} \sum_{i=1}^{n} X_i = E(X \mid \mathcal{A}_I),$$

existe, et est égale à l'espérance conditionnelle $E(X \mid \mathcal{A}_I)$, *de* $X = X_1$, *sachant la tribu* $\mathcal{A}_I$ *des événements invariants sur* $\{ X_n : n \geq 1 \}$.

Dans le cas où, de plus, les variables de la suite sont *asymptotiquement indépendantes,* c'est-à-dire telles que, pour tout $A, B \in \mathcal{A}$, $P(A \cap \tau^n(B)) - P(A)\ P(B) \to 0$ lorsque $n \to \infty$, on peut prouver que les événements de $\mathcal{A}_I$ satisfont à une loi du 0 ou 1, c'est-à-dire sont tels que leur probabilité ne peut être égale qu'à 0 ou 1. Dans ce cas, $E(X \mid \mathcal{A}_I) = E(X)$, avec probabilité 1, et on obtient *la loi des grands nombres classique.*

Les méthodes utilisées en théorie ergodique sont très particulières et font de ce domaine une branche à part du calcul des probabilités. Le résultat que nous avons donné ne donne qu'un aperçu très partiel des résultats profonds qui ont pu être déduits de l'idée ergodique initiale. Il est néanmoins très évocateur, dans la mesure où il montre que, à condition que les espérances des variables soient finies, *la convergence des moyennes a toujours lieu pour une suite stationnaire* (pour plus de détails, voir M. Loeve (1977), *Probability Theory,* Springer).

Chapitre X

LES LOIS DU LOGARITHME ITÉRÉ DE HARTMAN-WINTNER ET DE STRASSEN

Soit une suite X_1, X_2, ..., de répliques indépendantes d'une variable aléatoire X. Sous l'hypothèse d'existence du moment d'ordre 2 de X, définissons la *moyenne* μ de X, et la *variance* σ^2 de X par

$$\mu = E(X) \text{ et } \sigma^2 = \text{Var}(X) = E((X - \mu)^2).$$

Le *théorème central limite* (voir J. Lindeberg (1922), *Math. Zeit., 15,* 211-225, et W. Feller (1935), *Math. Zeit., 40,* 521-559) montre alors (pour $\sigma > 0$) que, lorsque $n \to \infty$, la fonction de répartition de

$$\frac{1}{\sigma\sqrt{n}} \sum_{i=1}^{n} (X_i - \mu),$$

converge uniformément vers la fonction de répartition $\Phi(x)$ d'une loi normale N(0, 1), soit

$$\Phi(x) = \frac{1}{\sqrt{2\pi}} \int_{-\infty}^{x} e^{-t^2/2}\, dt.$$

Fixons $0 < \varepsilon < 1/2$ et désignons par v_ε le quantile supérieur de la loi normale N(0, 1), défini comme l'unique constante vérifiant $\Phi(v_\varepsilon) = 1 - \varepsilon$. Une conséquence directe du théorème central limite est que, pour tout $0 < \varepsilon < 1$, il existe un indice n_ε, tel que, pour tout $n \geq n_\varepsilon$, on ait la relation

$$P\left(\left|\frac{1}{n} \sum_{i=1}^{n} X_i - \mu\right| \geq \frac{C_\varepsilon}{\sqrt{n}}\right) \leq \varepsilon,$$

où C_ε est une constante positive, pouvant être choisie égale à $\sigma v_{\varepsilon/4}$. Ceci montre que la *vitesse de convergence de la loi faible des grands nombres de Bernoulli est en* $O(1/\sqrt{n})$ ce résultat étant optimal (il ne peut y avoir de vitesse plus rapide pour cette convergence). Plus explicitement, ce résultat montre, pour tout $0 < \varepsilon < 1$ et pour tout $n \geq n_\varepsilon$, l'existence d'un événement $E_{n,\varepsilon}$, de probabilité $P(E_{n,\varepsilon}) \geq 1 - \varepsilon$, tel que, sur $E_{n,\varepsilon}$, on ait

$$\left| \frac{1}{n} \sum_{i=1}^{n} X_i - \mu \right| \leq \frac{C_\varepsilon}{\sqrt{n}}.$$

Que peut-on dire de la *vitesse de convergence de la loi forte des grands nombres* ? On s'attend, naturellement, à une vitesse de convergence plus lente que $O(1/\sqrt{n})$ puisque cette dernière vitesse n'est satisfaite que sur un événement $E_{n,\varepsilon}$ dont la probabilité est strictement inférieure à 1. Comme nous l'avons mentionné au chapitre V, le problème a été résolu par Khintchine en 1923, dans le cas particulier des *variables de Bernoulli,* pour lesquelles $P(X = 1) = 1 - P(X = 0) = p \in (0, 1)$. Son résultat montre que la convergence, avec probabilité 1 est, cette fois-ci en $O(\sqrt{(\log \log n)/n})$.

Il fallut près de vingt années d'efforts pour que Philip Hartman et Aurel Wintner obtiennent, en 1941, le résultat, en toute généralité (voir K. L. Chow et H. Teicher (1988), *Probability Theory,* New York, Springer, pour plus de détails). Pour l'énoncer, rappelons les définitions classiques :

$$\limsup_{n\to\infty} u_n = \lim_{n\to\infty} \left\{ \sup_{m\geq n} u_m \right\}$$

et $$\liminf_{n\to\infty} u_n = \lim_{n\to\infty} \left\{ \inf_{m\geq n} u_m \right\}.$$

La loi du logarithme itéré de Hartman et Wintner (P. Hartman et A. Wintner (1941), *Amer. J. Math., 63,* 169-176) montre que, sous les hypothèses ci-dessus, on a, avec probabilité 1,

$$\limsup_{n\to\infty} \frac{\sqrt{n}}{\sqrt{2\sigma \log \log n}} \left\{ \frac{1}{n} \sum_{i=1}^{n} X_i - \mu \right\} = 1,$$

et $$\liminf_{n\to\infty} \frac{\sqrt{n}}{\sqrt{2\sigma \log \log n}} \left\{ \frac{1}{n} \sum_{i=1}^{n} X_i - \mu \right\} = -1.$$

Cette loi, connue sous le nom de *loi du logarithme itéré,* à cause de la fonction $\log \log n = \log(\log n)$, met en évidence des propriétés remarquables du comportement limite des sommes partielles $S_n = X_1 + \ldots + X_n$ d'ordre n des observations. De même que pour le *théorème central limite,* dans la *loi du logarithme itéré,* les fluctuations de S_n ne dépendent principalement que des deux quantités μ (la *moyenne* ou *espérance de* X) et σ^2 (la *variance* de X), en « oubliant » les autres caractéristiques de la distribution de X. D'autre part, la loi du logarithme itéré montre que, avec probabilité 1, la *somme partielle centrée* $S_n - n\mu$ traverse une infinité de fois le niveau 0, tout en traversant, également, une infinité de fois, pour chaque choix fixé de $0 < \varepsilon < 1$, les niveaux extrêmes $\pm (1 - \varepsilon)\sigma \sqrt{2n \log \log n}$.

Il faudra encore vingt autres années, après les travaux de Hartman et Wintner, pour que les progrès sicientifiques permettent de mieux comprendre la structure intime des fluctuations des sommes partielles $S_n = X_1 + \ldots + X_n$, en comparant celles-ci aux fluctuations du *mouvement brownien,* grâce à des *principes d'invariance*. Avant d'évoquer ces résultats, il convient de reparler du *mouvement brownien* (évoqué au chap. IV), ou de sa représentation mathématique, le *processus de Wiener* ou de *Wiener-Lévy*. Ces objets scientifiques sont appelés ainsi, en hommage à Paul Lévy (1886-1971) et Norbert Wiener (1894-1964).

Si on demandait à plusieurs mathématiciens et physiciens de définir un *processus de Wiener,* il y aurait nombre de réponses différentes, car il y a plusieurs manières possibles de réaliser cette opération. Le processus de Wiener est une fonction aléatoire $\{ W(t), t \geq 0 \}$, à trajectoires continues, nulles à l'origine (de sorte que $W(0) = 0$). Les lois de dimension finie de $W(\cdot)$ sont telles que, pour tout choix de $0 \leq t_1 \leq \ldots \leq t_n$, les incréments $W(t_1) - W(0), \ldots, W(t_n) - W(t_{n-1})$ définissent des variables aléatoires indépendantes, suivant des lois normales, de paramètres définis par les relations

$$E(W(t)) = 0, \; E(W(s)\, W(t)) = \min (s, t) \text{ pour } s, t \geq 0,$$

$$E((W(t) - W(s))^2) = | t - s | \text{ pour } s, t \geq 0.$$

L'indépendance des incréments du processus de Wiener sur des intervalles successifs permet de ramener sa définition à celle d'un intervalle. Il suffit ainsi de préciser les propriétés de $W(\cdot)$ sur $[0, 1]$ pour en déduire celles qu'il possède sur $\mathbb{R}^+ = [0, \infty]$. On peut alors caractériser $\{ W(t) : 0 \leq t \leq 1 \}$ comme une variable aléatoire à valeurs dans l'espace $C[0, 1]$ des fonctions continues sur $[0, 1]$. Cet espace, muni de la topologie de la convergence uniforme, est un espace vectoriel normé complet *(espace de Banach)*. Si on le munit de sa tribu borélienne $\mathcal{B}$ (plus petite tribu de parties de C[0, 1] contenant les ouverts et les fermés), la loi de probabilité de W(·) sur le couple C[0, 1, $\mathcal{B}$] se définit sans grande difficulté technique, et constitue la *mesure de Wiener*.

Il est encore possible de définir le processus de Wiener par un développement en série de fonctions orthogonales à coefficients aléatoires. Ce développement (dit de Karhunen-Loève) est donné, sur [0, 1] par la série (qui converge uniformément, avec probabilité 1) :

$$W(t) = \sum_{k=1}^{\infty} \frac{Y_k}{\left\{\left(k - \frac{1}{2}\right)\pi\right\}} \sqrt{2} \sin\left(\left(k - \frac{1}{2}\right)\pi t\right) \text{ pour } 0 \leq t \leq 1,$$

où $Y_1, \ldots, Y_n, \ldots$ désigne une suite de variables aléatoires indépendantes de même loi N(0, 1) normales centrées réduites.

Un physicien dirait plutôt qu'un processus de Wiener est « à peu près » ce qu'on obtient expérimentalement dans un mouvement brownien projeté. En d'autres termes, $W(t)$ se comporte *grosso modo* comme $S_{\lfloor nt \rfloor}$, où $\lfloor u \rfloor$ désigne la partie entière de u, et $S_n = X_1 + \ldots + X_n$ étant une somme partielle de « petits aléas » indépendants, chacun d'espérance nulle et de variance égale à 1.

Bien qu'une telle définition manque de rigueur, et que l'idée qu'elle sous-entend soit ancienne, ayant déjà été utilisée avec profit par Einstein en 1905, sa mise en forme mathématique, et son utilisation comme outil puissant d'étude des suites aléatoires, ne datent que de quelques décennies.

En 1964, inspiré par des travaux du mathématicien russe Anatoliy Volodymyrovych Skorohod (Анатолій Володимирович Скороход, 1930-), V. Strassen donna une démonstration remarquable de la loi du logarithme itéré, mise *sous forme fonctionnelle,* et utilisant une technique toute nouvelle d'*approximation forte* (V. Strassen (1964), An invariance principle for the law of iterated logarithm, *Z. Wahrscheinlichkeitstheorie, 3,* 211-226).

La méthode de Strassen consiste à construire un processus de Wiener *W*(*t*) *sur le même espace de probabilité* (éventuellement agrandi pour rendre l'opération possible) que la suite initiale. Si $X_1, \ldots, X_n, \ldots$ sont des variables aléatoires indépendantes de même loi, telle que $E(X_i) = \mu = 0$, et $V(X_i) = \sigma^2 = 1$, Strassen prouva qu'il est possible de construire un processus de Wiener $W(\cdot)$, de telle sorte que, avec probabilité 1, lorsque $t \to \infty$,

$$| S_{\lfloor nt \rfloor} - \mu t - \sigma W(t) | = o(\sqrt{t \log \log t}).$$

La démonstration de la loi du logarithme itéré pour S_n s'ensuivait trivialement du fait qu'elle était vraie pour le processus de Wiener $W(\cdot)$.

Dans ce même article de 1964, V. Strassen établit une *forme fonctionnelle* de la loi du logarithme itéré. Avec les notations précédentes, il considère la suite de fonctions :

$$f_n(t) = \frac{S_{\lfloor nt \rfloor} - \mu t}{6\sqrt{2n \log \log n}} \text{ pou } 0 \leq t \leq 1.$$

Il montre alors que, avec probabilité 1, toute suite $\{f_{n_k} : k \geq 1\}$, extraite de $\{ f_n : n \geq 3 \}$, contient une sous-suite qui converge uniformément sur l'intervalle [0, 1] vers une limite f. L'ensemble, noté S, de toutes les limites f ainsi obtenues a une structure remarquable. Il s'agit de toutes les fonctions f absolument continues sur [0, 1], telles que $f(0) = 0$ et dont les dérivées $f'(t)$ (au sens de Lebesgue) satisfont l'inégalité :

$$\int_0^1 f'(t)^2 \, dt \leq 1.$$

Ce résultat montre, en d'autres termes, que les sommes partielles « vues de loin » fluctuent à proximité d'un ensemble limite de fonctions *non aléatoire,* bien défini par ces formules. Une application spectaculaire de celles-ci permet d'obtenir un ensemble considérable de lois limites. On considère, à cet effet, une *fonctionnelle* $\Theta : f \to \Theta(f)$, qui, à toute fonction bornée f sur [0, 1] associe une valeur numérique. On suppose que Θ est continue, relativement à la topologie de la convergence uniforme. Une conséquence de la loi du logarithme itéré fonctionnelle de Strassen est alors que, avec probabilité 1,

$$\limsup_{n \to \infty} \Theta(f_n) = \sup_{f \in S} \Theta(f).$$

On obtient ainsi autant de lois des grands nombres que de fonctionnelles Θ, le calcul du membre de droite de l'expression précédente s'obtenant par des méthodes *purement analytiques* (où la notion de probabilité n'intervient pas) et relevant du cadre général du *calcul des variations.*

Les méthodes de Strassen ont été, depuis, généralisées dans de multiples directions par des *principes d'invariance* ou des *approximations fortes.* C'est ainsi que, si on suppose que $E(\exp(tX_1)) < \infty$ pour $|t| < \varepsilon$ assez petit, les mathématiciens hongrois Komlós, Major et Tusnády ont montré, en 1975-1976, que l'on pouvait approximer $S_{\lfloor nt \rfloor}$ par un processus de Wiener $W(t)$, avec une erreur uniforme en $t \in [0, 1]$, n'excédant pas $C \log n$, avec probabilité 1, où $C > 0$ est une constante convenable. Ces conditions sont satisfaites, en particulier, pour des variables de Bernoulli. Ainsi, dans le cas où $P(X_1 = 1) = p$ et $P(X_1 = 0) = q = 1 - p$, on peut approximer S_n par $np + \sqrt{p(1-p)}\, W(n)$, avec une erreur de l'ordre de $O(\log n)$ (pour $n \to \infty$, et avec probabilité 1).

Nous renvoyons pour plus de détails à la monographie : M. Csörgö et P. Révész (1981), *Strong Approximations in Probability and Statistics,* Academic Press, 1981, ainsi qu'au livre : G. Shorack et J. A. Wellner (1986), *Empirical Processes with Applications to Statistics,* New York, Wiley.

Chapitre XI

AUTRES LOIS DES GRANDS NOMBRES ; STABILITÉ DES MAXIMA NORMAUX ; THÉORÈME DE GLIVENKO-CANTELLI

La convergence des moyennes est loin de constituer le seul théorème limite remarquable du calcul des probabilités, et des résultats tels que les loi du 0 ou 1 de Kolmogorov et de Hewitt-Savage, laissent entendre l'existence d'une quantité d'autres « lois des grands nombres » décrivant des « comportements certains » de suites aléatoires.

Parmi les statistiques utiles que l'on peut faire sur une suite de variables aléatoires indépendantes de même loi $X_1, \ldots, X_n, \ldots$, en sus des *moyennes,* qui, comme on a pu le voir, convergent avec probabilité 1 vers l'espérance commune E(X), lorsque celle-ci est finie, il faut mentionner, en premier chef, les *valeurs extrêmes* :

$$Y_n = \min \{ X_1, \ldots, X_n \} \text{ et } Z_n = \max \{ X_1, \ldots, X_n \}.$$

S'il est bien connu (depuis Laplace et Gauss !) que la répartition des moyennes autour de leur espérance tendait à être normale lorsque la variance des observations est finie, on sait moins souvent que les extrêmes convergent asymptotiquement pour la plupart des lois simples connues (avec l'exception notable des distributions discrètes) vers des lois limites qui sont (exprimées pour le maximum, $Z_n - b_n)/a_n$, réduit par un changement d'échelle convenable, et convergeant vers la distribution d'une variable aléatoire Z) :

– la loi de Fréchet : pour une constante $a > 0$,

$$P(Z \leq x) = \Phi_a(x) = \exp(-x^{-a}), \text{ pour } x > 0 ;$$

– la loi de Weibull : pour une constante $a > 0$,

$$P(Z \leq x) = \Psi_a(x) = \exp(-(-x)^a), \text{ pour } x < 0 ;$$

– la loi de Gumbel :

$$P(Z \leq x) = \exp(-e^{-x}) \text{ pour } x \in \mathbb{R}.$$

Ce résultat a été, finalement, mise en forme, en 1943 par le mathématicien russe Boris Vladimirovitch Gnedenko (1912-1995) (voir V. B. Gnedenko (1943), Sur la distribution limite du maximum d'une série aléatoire, *Ann. Math., 44,* 423-453). On consultera pour plus de détails la monographie : J. Galambos (1987), *The Asymptotic Theory of Extreme Order Statistics,* Malabar, Florida, Krieger, et le livre : H. David (1981), *Order Statistics,* New York, Wiley.

Considérons le cas particulier des maxima partiels de *suites normales,* où $X_1, \ldots, X_n, \ldots$ est composé de variables aléatoires indépendantes de même loi de Laplace-Gauss centrée réduite N(0, 1), telle que, pour tout $n \geq 1$,

$$P(X_n \leq x) = \frac{1}{\sqrt{2\pi}} \int_{-\infty}^{x} e^{-t^2/2}\, dt.$$

On obtient alors, comme application de ces théorèmes limites, que, si $Z_n = \max \{ X_1, \ldots, X_n \}$, alors :

$$\lim_{n \to \infty} P\left(\sqrt{2 \log n}\left\{Z_n - \sqrt{2 \log n} + \frac{\log \log n + \log 4\pi}{2\sqrt{2 \log n}}\right\} \leq x\right)$$

$$= \Lambda(x) = \exp(-e^{-x}) \text{ pour tout } x \in \mathbb{R}.$$

Il est inattendu de voir apparaître ici $\log 4\pi$. D'autre part, le facteur $\sqrt{2 \log n}$ implique que la suite Z_n se concentre asymptotiquement sur la suite de constantes :

$$c_n = \sqrt{2 \log n} + \frac{\log \log n + \log 4\pi}{2\sqrt{2 \log n}}.$$

De manière explicite, il est possible de prouver que pour tout choix de $0 < \varepsilon < 1$, on a, avec probabilité 1, pour tout n suffisamment grand, les encadrements :

$$\frac{(1-\varepsilon) \log \log n}{2\sqrt{2 \log n}} \leq Z_n - \sqrt{2 \log n} \leq \frac{(1-\varepsilon) \log \log n}{2\sqrt{2 \log n}}.$$

Ce résultat se trouve être le meilleur possible, au sens qu'il n'est plus vérifié pour $\varepsilon = 0$. Il implique directement que, avec probabilité 1,

$$\lim_{n \to \infty} \left\{Z_n - \sqrt{2 \log n}\right\} = 0.$$

Un tel théorème limite semble paradoxal. En effet, il permet, dans une certaine mesure, de prévoir des valeurs individuelles de la suite $X_1, X_2, \ldots$, à partir d'un certain rang n d'observation. En effet, si n est au-delà de l'indice n_0 à partir duquel on a constamment, par exemple :

$$\left| z_n - \sqrt{2 \log n} \right| < 0.01,$$

on peut alors prévoir, *avec certitude,* qu'entre l'instant d'observation n où l'on se trouve, et l'instant $n + k$ défini par la relation

$$\sqrt{2 \log(n+k)} - \sqrt{2 \log n} = 0.02,$$

il va y avoir nécessairement l'un des éléments de la suite $X_n, \ldots, X_{n+k}$ qui va dépasser le niveau $\sqrt{2 \log n}$. On peut donc parier sur son occurrence avec une probabilité de gagner égale à 100 %.

Or, comme les variables de la suite sont indépendantes, il devrait normalement être impossible de prévoir un tel événement, de même que la certitude de gain paraît naturellement suspecte. Il n'y a, en fait, rien de paradoxal, dans la mesure où le pari ne tient que si on a admis l'hypothèse, que n se trouve au-delà de n_0. Cette condition influe sur les réalisations de la suite, et permet une « prédiction », qui n'aurait pas de valeur certaine autrement.

De tels exemples montrent qu'il n'est pas totalement absurde de chercher des lois des grands nombres qui, « à partir d'un certain rang d'observation », permettent, avec probabilité 1, de faire des prévisions sur le comportement de termes individuels d'une suite aléatoire. Par contre, un peu de réflexion (on se reportera aux résultats du chap. XIII qui suit) montre qu'il serait présomptueux de croire qu'on puisse bâtir des *stratégies gagnantes* au jeu sur de telles propriétés. On compense, en effet, une *conjecture* (celle que n excède n_0) par une *certitude* (d'observer certaines valeurs prévisibles si le pari est gagné). Il faudrait pouvoir apprécier le *risque de la conjecture* (mesurée, ici, par la probabilité que n excède n_0) pour déterminer si, oui ou non, « le jeu en vaut la chandelle ».

La loi normale n'est pas la seule distribution probabiliste, pour laquelle les extrêmes d'une suite aléatoire de variables indépendantes de même loi satisfont une loi limite avec probabilité 1, du type de celle que nous avons évoquée. Les extrêmes $Z_n = \max \{ X_1, \ldots, X_n \}$, tels que, pour des suites non aléatoires bien choisies b_n, on ait $Z_n - b_n \to 0$, sont dits *stables.* Leur étude a fait l'objet de nombreux travaux (voir Geffroy (1958) et Resnick et Tomkins (1973)).

Un autre exemple bizarre de lois des grands nombres est dû à Erdős et Rényi (P. Erdős et A. Rényi (1970), on a new law of large numbers, *Journal d'Analyse mathématique, 22,* 103-111). Ces auteurs considèrent une suite $X_1, X_2, \ldots$, de variables aléatoires indépendantes de même loi, telle que la fonction $\phi(t) = E(\exp(tX_1))$ soit finie pour tout $| t | < \varepsilon$, où $\varepsilon > 0$ est un nombre suffisamment petit. Ils s'intéressent au comportement limite des expressions

$$M_n(k) = \max_{0 \leq m \leq n-k} \{S_{m+k} - S_m\},$$

dans le cas particulier où $k = \lfloor c \log n \rfloor$, $c > 0$ étant une constante fixée, $S_0 = 0$, et $S_n = X_1 + \ldots + X_n$ pour $n \geq 1$. Comme précédemment, ici, $X = X_1, X_2, \ldots$, sont des variables aléatoires indépendantes de même loi. La « nouvelle loi des grands nombres » d'Erdős et Rényi montre alors que, avec probabilité 1 lorsque $n \to \infty$, $M_n(\lfloor c \log n \rfloor) / \lfloor c \log n \rfloor \to \alpha$, où $\alpha > E(X)$ est solution de l'équation :

$$\exp(-1/c) = \inf_t \{\phi(t)e^{-t\alpha}\}.$$

Ce résultat paraîtra, bien évidemment, terriblement abstrait au lecteur non averti. Toutefois, il n'est pas trop difficile d'en déduire des conséquences dont la formulation est plus abordable. Un exemple d'une telle application est obtenu dans le cas particulier du *jeu de pile* (codé 0) *ou face* (codé 1), en supposant que les variables aléatoires $X = X_1, X_2, \ldots$, sont telles que $P(X = 1) = 1 - P(X = 0) = p$, avec $0 < p < 1$. On déduit alors du théorème d'Erdős et Rényi, au prix d'un calcul relativement élémentaire, que la *longueur maximale* L_n *des séries consécutives de faces* (face = 1), *observées parmi les n premières observations* $X_1, \ldots, X_n$, est tel que, avec probabilité 1 lorsque $n \to \infty$,

$$L_n \Big/ \left\{\frac{\log n}{-\log p}\right\} \to 1.$$

On peut ainsi prévoir de manière relativement précise le nombre de « passes gagnantes » (voir pour plus de détails : P. Deheuvels et L. Devroye (1987), *Annals of Probability,* 1363-1386). Par exemple, pour un jeu de $n = 100$ « pile ou face », on obtient une prévision de 6,64, soit, en arrondissant à l'entier le plus proche, de 7, pour L_n. On doit donc s'attendre à observer, quelque part dans la série d'observations $X_1, \ldots, X_n$ une série de (environ) 7 faces consécutifs. On notera le fait surprenant que la loi de probabilité de L_n est relativement simple (voir P. Erdős et P. Révész (1976), On the length of the longest head-run, *Topics in Information Theory. Coll. Math. Soc. J. Bolyai., 16,* 219-228). On obtient que :

$$P(L_n \geq k) = P(M_n(k) = n) = \frac{n - k + 2}{2^{k+1}} \text{ pour } k = 1, \ldots, n.$$

Une loi des grands nombres tient une place à part dans les applications statistiques du calcul des probabilités. Il s'agit du théorème de Glivenko-Cantelli (obtenu en 1933 par Valerii Ivanovitch Glivenko (1897-1940) et Francesco Paolo Cantelli (1875-1966)). On considère une suite $X_1, X_2, \ldots$, est une suite de variables aléatoires indépendantes et de même fonction de répartition $F(x) = P(X_1 \leq x)$. Pour tout $n \geq 1$ on définit la *fonction de répartition empirique* par :

$$F_n(x) = \frac{1}{n} \sum_{i=1}^{n} 1_{\{X_i \leq x\}} = \frac{\text{Nombre de } X_i \leq x \text{ pour } 1 \leq i \leq n}{n}.$$

Le théorème de Glivenko-Cantelli montre alors qu'avec probabilité 1,

$$\lim_{n \to \infty} \left\{ \sup_{x \in \mathbb{R}} | F_n(x) - F(x) | \right\} = 0.$$

Ce théorème est parfois appelé *théorème fondamental de la statistique,* car il montre que l'observation d'un nombre suffisant de termes de la suite $X_1, X_2, \ldots$, permet de reconstituer, avec une précision arbitraire, la loi de probabilité (*a priori* inconnue) de ces variables, caractérisée par la fonction $F(x)$. La vitesse de convergence du théorème de Glivenko-Cantelli a été établie en 1949, par le mathématicien sino-américan Kai Lai

Chung (né en 1917), qui a montré, dans le cas où F est continue, que, avec probabilité 1,

$$\limsup_{n\to\infty} \frac{\sqrt{n}}{\sqrt{2 \log\log n}} \left\{ \sup_{x\in\mathbb{R}} | F_n(x) - F(x) | \right\} = \frac{1}{2}.$$

Plus récemment, A. A. Mogul'skii a montré, en 1980 (A. A. Mogul'skii (1980), On the law of the iterated logatithm for functional spaces, *Theor. Prob. Appl.*, *24,* 405-413), que, avec probabilité 1,

$$\liminf_{n\to\infty} \sqrt{2n \log\log n} \left\{ \sup_{x\in\mathbb{R}} | F_n(x) - F(x) | \right\} = \frac{\pi}{2},$$

résultat pour le moins inattendu, à cause de la présence du nombre π dans le membre de droite.

Nous arrêtons là nos exemples de lois des grands nombres. On se doute que le sujet est trop vaste pour un si faible volume. Nous renvoyons aux livres : P. Révész (1968), *The Laws of Large Numbers,* Academic Press, 1968 ; W. Stout (1974), *Almost Sure Convergence,* Academic Press, et G. R. Shorack et J. A. Wellner (1986), *Empirical Processes with Applications to Statistics,* New York, Wiley, pour d'autres résultats de ce type.

Chapitre XII

LES MARCHES ALÉATOIRES ET LE PROBLÈME DE LA RUINE DU JOUEUR

Nous revenons ici à l'étude, en termes probabilistes, des jeux de hasard, et plus particulièrement de ceux dont l'évolution peut être représentée par les résultats cumulés d'une suite de parties indépendantes, dans une *marche aléatoire.* On se référera aux livres de : F. Spitzer (1964), *Principles of Random Walk,* Princeton, Van Nostrand, ainsi que : W. Feller (1966), *An Introduction to Probability Theory and its Applications,* vol. II, New York, Wiley, pour des descriptions de ces objets aléatoires. Mentionnons également la monographie : P. Révész (1990), *Random Walk in Random and Non-Random Environments,* Singapour, World Scientific. Cette dernière référence comprend des développements particulièrement originaux, couvrant le cas de marches aléatoires, pour lesquelles les hypothèses habituelles (voir ci-dessous) ne sont pas satisfaites.

La *marche aléatoire* la plus simple est obtenue à partir d'une suite de jeux de pile ou face indépendants. On adopte l'interprétation d'un marcheur sur une droite infinie, partant à l'instant $t = 0$ de l'origine 0, et faisant un pas en avant chaque fois que la pièce tombe sur face, et un pas en arrière chaque fois que la pièce tombe sur pile. Si on définit par S_n la position du marcheur à l'instant n, et si on pose :

$X_n = 1$ quand la pièce fait apparaître face,

$X_n = -1$ quand la pièce fait apparaître pile,

la marche aléatoire, $\{ S_n : n \leq 0 \}$ est définie par les expressions simples :

$S_0 = 0$ et $S_n = X_1 + \ldots + X_n$ lorsque $n \geq 1$.

Dans ce modèle, $X_1, \ldots, X_n, \ldots$, sont des variables aléatoires indépendantes de même loi définie par :

$X_n = 1$ avec probabilité 1/2,

$X_n = -1$ avec probabilité 1/2.

On peut accorder à une telle marche aléatoire de multiples interprétations, par exemple, celle des *gains cumulés,* si on joue toujours la même somme dans une suite de jeux équilibrés (les joueurs ont des chances égales de gagner chaque partie individuelle). La marche aléatoire $S_0, S_1, \ldots$, ainsi construite appartient à la catégorie des *processus de Markov* (nommés en l'honneur d'Andrei Andreyevitch Markov (1856-1922)), caractérisés, ici par la propriété que l'évolution de $S_{n+1}, S_{n+2}, \ldots$, sachant $S_0, \ldots, S_n$, ne dépend que de S_n. En d'autres termes, pour un tel modèle, *le futur, sachant le passé, ne dépend que du présent immédiat.*

On peut généraliser cet exemple, en supposant que les jeux ne sont plus équilibrés, la probabilité de gagner devenant p, où $0 < p < 1$. Dans ce cas, on définit la loi de X_n par :

$X_n = 1$ avec probabilité p,

$X_n = -1$ avec probabilité $1 - p$.

Dans le cas où le jeu s'arrête lorsque le montant S_n des gains cumulés atteint un niveau spécifié $N \geq 0$, on obtient une *marche aléatoire bornée.* On représentera une telle marche, quitte à en déplacer l'origine, de $S_n = 0$ en $S_n = k \geq 0$, par les relations récurrentes :

$S_0 = k \geq 0$ (montant initial de la fortune du joueur) ;

– si, pour $n \geq 0$, $S_n = 0$, alors $S_{n+1} = 0$;

– si, pour $n \geq 0$, $S_n = N$, alors $S_{n+1} = N$;

– si, pour $n \geq 0$, $1 \leq S_n \leq N - 1$, alors :

$S_{n+1} = S_n + 1$ avec probabilité p,

$S_{n+1} = S_n - 1$ avec probabilité $1 - p$.

On pourrait d'ailleurs généraliser ce modèle en supposant que, dans certains cas, le joueur conserve ses gains sans modification. Ceci revient à adopter les relations récurrentes :

$S_0 = k \geq 0$ (montant initial de la fortune du joueur) ;

– si, pour $n \geq 0$, $S_n = 0$, alors $S_{n+1} = 0$;

– si, pour $n \geq 0$, $S_n = N$, alors $S_{n+1} = N$;

– si, pour $n \geq 0$, $1 \leq S_n \leq N - 1$, alors :

$S_{n+1} = S_n + 1$ avec probabilité P,

$S_{n+1} = S_n$ avec probabilité Q,

$S_{n+1} = S_n - 1$ avec probabilité R,

où, P, Q, $R \geq 0$ sont des constantes positives telles que $P + Q + R + 1$.

Nous verrons dans le chapitre XIII qu'avec probabilité 1, une marche aléatoire bornée se termine :

– soit par l'observation de $S_n = 0$ (ruine du joueur) ;
– soit par l'observation de $S_n = N$ (ruine de son adversaire).

La probabilité de l'une ou l'autre de ces occurrences ne dépend que du rapport $P/(P + R)$. Ainsi, l'évolution ultime du jeu précédemment décrit est identique à celle d'un jeu décrit par les relations récurrentes :

$S_0 = k \geq 0$ (montant initial de la fortune du joueur) ;

– si, pour $n \geq 0$, $S_n = 0$, alors $S_{n+1} = 0$;
– si, pour $n \geq 0$, $S_n = N$, alors $S_{n+1} = N$;
– si, pour $n \geq 0$, $1 \leq S_n \leq N - 1$, alors :

$S_{n+1} = S_n + 1$ avec probabilité $P/(P + R)$,

$S_{n+1} = S_n - 1$ avec probabilité $R/(P + R)$.

Compte tenu de cette propriété, le fait de rajouter une probabilité Q ne change rien à l'*évolution ultime* du jeu, tout en contribuant, néanmoins à retarder son échéance. À titre d'exemple, si on vous propose de jouer à un jeu où vous auriez :

15 % de chances de gagner ;

60 % de chances de conserver votre mise ;

25 % de chances de perdre ;

tout se passera, à terme, comme si vous aviez :

37,5 % de chances de gagner (soit 15/(15 + 25)) ;

62,5 % de chances de perdre (soit 25/(15 + 25)).

Un joueur naïf ou optimiste retiendra plutôt que, dans la première version du jeu, il a 75 % de chances de gagner ou de conserver sa mise. Il faut se méfier de telles illusions, comme celles des loteries qui remboursent une proportion importante de billets, tout en limitant drastiquement les probabilités de gains effectifs. De tels procédés donnent aux joueurs l'impression de gagner souvent, alors que leurs chances de perdre la totalité de leurs enjeux, au bout d'un temps plus ou moins long, demeureront élevées.

Une marche aléatoire bornée se comporte comme une marche aléatoire non bornée, dont on décide d'arrêter l'évolution si elle atteint, partant d'un point de départ initial k, soit le niveau N, soit le niveau 0.

Il est important de déterminer les caractéristiques probabilistes d'un jeu de ce type, et en particulier la *probabilité de ruine du joueur,* correspondant à l'existence d'un temps n, au-delà duquel $S_n = 0$.

Dans le chapitre XIII, nous allons énoncer quelques résultats de ce type, portant sur les marches aléatoires, dont certains pourront paraître bien surprenants.

Chapitre XIII

COMMENT NE PAS TROP PERDRE À LA ROULETTE ET AU JEU

Raisonnons tout d'abord dans le cas d'une marche aléatoire bornée (voir le chap. XII), dont nous rappelons les hypothèses sous la forme d'un jeu.

Vous jouez toujours la même somme $S = 1$ contre un adversaire unique, par une suite de jeux successifs avec probabilité p de gagner et $q = 1 - p$ de perdre à chaque jeu.

Vous partez d'une fortune initiale de k, ayant décidé par avance de continuer à jouer jusqu'à ce que, soit vous atteigniez la somme de N, soit vous vous trouviez ruiné entre-temps. Votre adversaire sera supposé plus riche que vous, et disposant d'une fortune suffisante pour ne risquer en aucun cas d'être en état de cessation de paiement.

Dans ce cas, avec probabilité 1, le jeu se termine au bout d'un temps fini.

La *probabilité* P_G *de gain* est donnée par la formule :

$$P_G = \frac{1-(q/p)^k}{1-(q/p)^N} \text{ si } p < q\,;$$

$$P_G = \frac{k}{N} \text{ si } p = q.$$

La *probabilité* P_R *de ruine* est alors $P_R = 1 - P_G$. Ces résultats sont fort anciens : Christiaan Huygens (1629-1695) les obtint en 1657 pour $k = 12$ et $q/p = 5/9$; en 1680, Jacques Bernoulli établit le résultat, en général, par une démonstration reprise par Abraham de Moivre en 1711 (voir L. Takacs (1977), *Combinatorial Methods in the Theory of Stochastic Processes,* Dekker, p. 18).

Donnons un exemple d'application de ces formules pour la *roulette*. Dans ce jeu, on lance une bille sur une roue horizontale en rotation, où elle finit par s'arrêter sur l'une des cases rouges ou noires numérotées de 1 à 36 avec en plus une case spéciale verte numérotée 0 (cas de la roulette européenne) ou deux cases 0 et 00 (cas de la roulette américaine) qui sont systématiquement perdantes pour le joueur (avec des règles variant d'un cas à l'autre, voir plus loin).

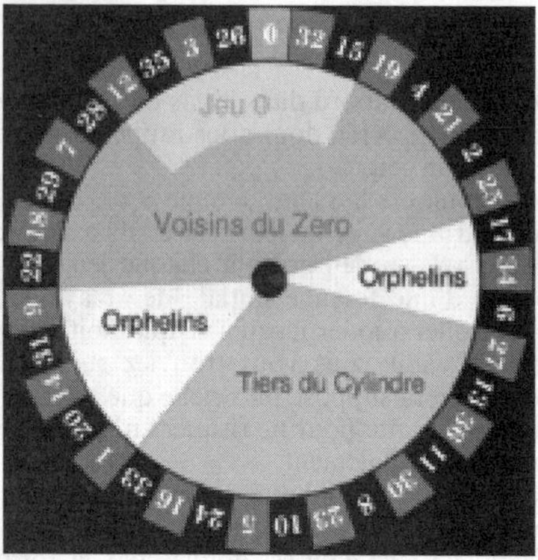

(L'invention de la roulette est attribuée, sans que ceci soit non plus une certitude, à Blaise Pascal (1623-1662). Elle fut introduite à Paris en 1765, et à Monte-Carlo en 1863.)

Le tapis de jeu a, dans le cas classique, les cases (voir schéma ci-contre).

Les rendements sont calculés selon des règles variées. Le règlement suivant est, généralement, appliqué en France.

a) Plein : La mise est placée sur un seul numéro. Le joueur gagne 35 fois sa mise si le numéro sort.

b) Transversale : La mise est placée sur la ligne extérieure d'une rangée horizontale de 3 numéros. Le joueur gagne 11 fois sa mise, si l'un des numéros concernés sort.

c) À cheval : La mise est placée à cheval sur 2 numéros. Le joueur gagne 17 fois sa mise en cas de succès.

d) Sixte : La mise est placée sur la ligne extérieure, à l'intersection de deux rangées horizontales, soit sur 6 numéros.

Le joueur gagne 5 fois sa mise, si l'un des numéros concernés sort.

e) Carré : La mise est placée à l'intersection de 4 numéros. Le joueur gagne 8 fois sa mise.

f) Chances simples : La mise est placée soit sur le *rouge,* soit sur le *noir,* soit sur *pair,* soit sur *impair,* soit sur *manque* (numéros de 1 à 18), soit sur *passe* (numéros de 19 à 36). Le joueur gagne 1 fois sa mise en cas de succès. Toutefois, si le 0 sort, les mises placées sur les chances simples perdent la moitié de leur valeur.

g) Douzaine : La mise est placée sur l'une des trois zones suivantes comprenant 12 numéros à la fois : 12 Premiers (12 premiers numéros), 12 Milieu (12 numéros du milieu), 12 Derniers

(12 derniers numéros). Le joueur gagne 2 fois sa mise en cas de succès. Si le 0 sort, les douzaines sont perdantes.

h) Douzaine à cheval : La mise est placée à l'intersection de deux douzaines, comprenant 24 numéros. Le joueur gagne une demi-fois sa mise, si l'un des numéros concernés sort.

i) Colonne : La mise est placée au bas de l'une des trois colonnes verticales, comprenant chacune 12 numéros. Le joueur gagne 2 fois sa mise. Si le 0 sort, les colonnes sont perdantes.

j) Colonne à cheval : La mise est placée à l'intersection de deux colonnes verticales, comprenant 24 numéros. Le joueur gagne une demi-fois la mise en cas de succès.

Les caractéristiques de la roulette font que le 0 et 00 sont des numéros perdants (bénéfice à la banque), selon des barêmes différents suivant les cas.

La probabilité de gain p est très voisine de 1/2 dans le cas de *chances simples* (la probabilité varie suivant les règles adoptées par les différents établissements. Dans ce qui suit, nous adopterons des règles de calcul qui pourront nécessiter de petites modifications de détail. On se réfèrera, par exemple, au site web, http://www.casino-zen.com/mises-gains-roulette.htlm, pour des références, mises à jour, sur les règles des jeux de casino). On obtient :

$$p = \frac{18}{37} = 48{,}64866486\ldots\ \% \text{ pour la roulette française.}$$

Pour simplifier, on considérera essentiellement ici le cas où l'on joue sur *pair-impair* (ou *noir-rouge,* ou *passe-manque*).

Supposons qu'un joueur dispose d'une fortune de 10 000 € et joue par multiples de 100 €. Dans ce cas, on conviendra de donner à 100 € le rôle d'une *unité de mise,* la fortune initiale du joueur étant alors représentée par $k = 100$ unités de 100 €. Nous supposerons que joueur décide de s'arrêter dès qu'il a atteint, par ses gains cumulés, une fortune s'élevant à $N > k$ unités de 100 €. Déterminons les probabilités de gain en fonction de N. En appliquant la formule précédente, on obtient le tableau I (ci-dessous).

On suppose, dans une deuxième étape, que le joueur souhaite atteindre une fortune de 11 000 € et d'arrêter son jeu en cas de succès (un gain de 1 000 € peut paraître conséquent, mais si ce n'est pas le cas, il suffit de multiplier ces chiffres par un facteur de proportionnalité convenablement choisi). Le joueur a également la possibilité de jouer par mises unitaires de 500 €, ou de 1 000 €.

Lequel de ces choix est-il est le plus avantageux ? Pour 500 €, il faut prendre $k = 20$, et $N = 21, 22, \ldots$; on obtient alors les résultats suivants :

Tableau I

Le joueur joue par mises unitaires de 100 € et s'arrête lorsque sa fortune a atteint	*Sa probabilité de gain est*
10 100 €	94,71 %
10 200 €	89,71 %
10 300 €	84,97 %
10 400 €	80,48 %
10 500 €	76,23 %
10 600 €	72,21 %
10 700 €	68,39 %
10 800 €	64,78 %
10 900 €	61,36 %
11 000 €	**58,12 %**

Le joueur joue par mises unitaires de 500 € et s'arrête lorsque sa fortune a atteint	*Sa probabilité de gain est*
10 500 €	92,25 %
11 000 €	**85,27** %
11 500 €	78,96 %
12 000 €	73,24 %
12 500 €	68,04 %

Le joueur joue par mises unitaires de 1 000 € et s'arrête lorsque sa fortune a atteint	*Sa probabilité de gain est*
11 000 €	**88,26** %
12 000 €	78,53 %
13 000 €	70,34 %

La simple comparaison de ces chiffres entre eux illustre le fait qu'*on a intérêt à chaque fois à jouer le plus gros jeu possible afin d'atteindre au plus vite la limite qu'on s'est fixée.*

De toute façon, il est possible de prouver que, dans une suite de jeux indépendants entre deux joueurs (A) et (B), tels que le joueur (A) ait une probabilité de gagner supérieure ou égale à 1/2 dans chaque jeu individuel, l'espérance de gain au bout de *n* parties doit demeurer *négative ou nulle* pour le joueur (B).

Ainsi, quelle que soit la stratégie de jeu devant être adoptée pour gagner 1 000 €, tout en prenant le risque de perdre 10 000 €, il faudra respecter la relation :

$$\{ \text{probabilité de gain} \} \times 1\,000 - \{ \text{probabilité de perte} \} \times 10\,000 \leq 0.$$

Par conséquent, lorsqu'on joue pour atteindre 11 000 €, en mettant en jeu 10 000 €, on ne peut espérer une probabilité de gain supérieure à 90,91 % (= 10 000/11 000). La probabilité de gain atteinte dans la stratégie présentée plus haut, par mises individuelles de 1 000 €, ici est de 88,26 %, ce qui n'est déjà pas si mal. Nous allons maintenant voir qu'il est encore possible de faire mieux, puisque la meilleure stratégie possible réalise une probabilité de gain égale à 89,94 %.

Cela a toujours été un vieux rêve de la part des joueurs de casinos que de disposer d'une *martingale* (définie comme un « système de jeu qui prétend assurer un bénéfice certain par une augmentation progressive de la mise »), afin d'assurer sa fortune au jeu. C'est un fait prouvé qu'il n'est pas possible d'assurer au joueur de casino un bénéfice certain, sauf dans le cas où la roulette est *biaisée,* situation qui sera évoquée plus loin.

Cependant, on peut se poser le problème suivant : disposant d'une certaine somme d'argent, et désirant désespérément (au point de se résoudre à jouer) l'augmenter pour atteindre une somme fixée, *quelle stratégie adopter, de manière à maximiser sa probabilité de gagner* ?

Dans le cas du jeu que nous avons décrit (pair-impair ou rouge-noir), ce problème a été résolu par Lester Dubins et Leonard Savage en 1956 (on se référera, plutôt qu'à l'article original, à leur célèbre monographie : L. Dubins et L. Savage (1965), *Inequalities for Stochastic Processes. How to Gamble if you Must,* Londres, Dover). Ils ont montré que la stratégie op-

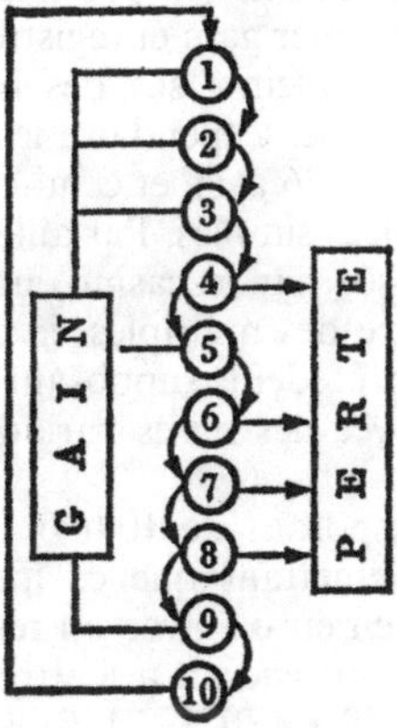

ÉTAPE	SOMME POSSÉDÉE	MONTANT DE LA MISE
1	10 000	1 000
2	9 000	2 000
3	7 000	4 000
4	3 000	3 000
5	6 000	5 000
6	1 000	1 000
7	2 000	2 000
8	4 000	4 000
9	8 000	3 000
10	5 000	5 000

timale était obtenue par le fait *(bold play)* de jouer systématiquement la mise permettant d'atteindre, ou, à défaut, d'approcher au mieux le but cherché, *du premier coup.*

Nous décrivons cette stratégie, dans le cas d'un joueur disposant de 10 000 €, et souhaitant atteindre 11 000 €.

On obtient, dans ce cas, une probabilité égale à 89,94 % d'atteindre effectivement le but de 11 000 €.

Nous ne nous étendrons pas davantage sur les problèmes de *stratégie optimale* de jeu. Nous en reparlerons plus loin, en évoquant la théorie des *temps d'arrêt,* pour montrer que (ce qui paraît d'ailleurs évident à toute personne sensée), *parmi toutes les possibilités, la plus économique est encore de ne pas jouer du tout.* Les stratégies optimales se rattachent toujours à l'idée sous-jacente que, quitte à faire, *si on doit vraiment jouer, on a le plus grand intérêt à rester aux tables de jeu le moins longtemps possible.*

Signalons cependant les points suivants :

– À notre connaissance, lorsque toutes les possibilités de jeu sont permises, la stratégie optimale à la roulette n'est pas connue.

– Cependant, lorsqu'on restreint les possibilités à des *mises uniques,* la stratégie optimale est connue. Elle s'obtient en jouant, de manière répétée, sur les cases offrant le rendement le plus important, et en calculant sa mise, si possible, de manière à atteindre le but visé dès le premier gain enregistré.

Ceci incite, naturellement, à miser « plein » sur des nombres, de 1 à 36, de préférence à autre chose. Cependant, le rendement en est tronqué (35 à 1, au lieu de 36 à 1), et celui-ci est moins avantageux que les jeux de chances simples. Par ailleurs, une *mise minimale* est toujours imposée par le casino, impliquant que toutes les mises doivent être des multiples de cette unité de base. Ceci fausse le résultat précédent, supposant que la stratégie optimale soit construite avec des mises variant de manière continue.

Considérons le cas d'un joueur disposant de 10 000 €, et souhaitant atteindre 11 000 €. En admettant que ce joueur puisse miser n'importe quelle somme en euros, avec un rendement de 36 à 1, la stratégie optimale consisterait à mettre sur table des enjeux successifs de : 28 €, 29 €, 30 €, 31 €, 32 €, 33 €, 34 €, 35 €, 36 €, 37 €... Une telle stratégie donne au joueur la perspective de perdre ses 10 000 € en 86 parties, si, entre-temps, il n'a pas gagné, en un seul coup, le bénéfice cherché de 1 000 €.

La probabilité de gagner sera alors, dans un tel contexte, voisine de

$$1-\left(1-\frac{1}{37}\right)^{86} = 90{,}52\ \%,$$

expression qui s'approche de près de la borne supérieure théorique de 90,91 %. Naturellement, si le rendement était de 35 à 1, et les mises, multiples de 10 €, on jouerait plutôt, dans l'ordre (de gauche à droite, puis de haut en bas)

30 €,	30 €,	40 €,	40 €,	40 €,	40 €,	40 €,	40 €,	40 €,
40 €,	40 €,	50 €,	50 €,	50 €,	50 €,	50 €,	50 €,	50 €,
60 €,	60 €,	60 €,	60 €,	60 €,	60 €,	70 €,	70 €,	70 €,
70 €,	70 €,	80 €,	80 €,	80 €,	80 €,	90 €,	90 €,	90 €,
90 €,	100 €,	100 €,	100 €,	100 €,	110 €,	110 €,	110 €,	120 €,
120 €,	120 €,	130 €,	130 €,	130 €,	140 €,	140 €,	150 €,	150 €,
150 €,	160 €,	160 €,	170 €,	170 €,	180 €,	180 €,	190 €,	190 €,
200 €,	200 €,	210 €,	220 €,	220 €,	230 €,	240 €,	240 €,	250 €,
260 €,	260 €,	260 €,	270 €,	280 €,	290 €,	290 €,	300 €,	

jeu au bout duquel il ne restera plus au joueur que 270 € s'il n'a pas gagné entre-temps.

Il y a donc de l'ordre de 79 possibilités de gain, soit ici une probabilité de gagner de l'ordre de :

$$1-\left(1-\frac{1}{37}\right)^{79} = 88{,}51\ \%.$$

Comme on le voit, dans ces exemples le fait de jouer « plein » sur des nombres aboutit à un résultat moins efficace qu'un jeu de *chances simples,* du type pair-impair. De plus, il rend la perte plus longue, et sans doute, plus douloureuse...

Le lecteur comprendra que ces chiffres sont loin d'être une incitation à jouer à la roulette. Les amateurs qui seraient, malgré tout, tentés, feraient bien de faire quelques expériences préliminaires, en expérimentant leurs chances à jeter des dés en pariant, par exemple contre le six (probabilité de sortie de 16,66 %), et de s'imaginer, par exemple, à chaque fois que ce chiffre est tiré, que s'ils avaient été au casino, ils auraient pu se voir délestés d'un million.

Est-il cependant possible de gagner de manière systématique au jeu de casino ? Écartons les tricheries grossières, en nous limitant à un jeu régulier. Il existe un très grand nombre de « systèmes » proposés par de soi-disant experts, et présentés comme garantissant au joueur un gain assuré (on citera, parmi d'autres systèmes de jeu que nous ne développerons pas ici : la *martingale de Hawks,* la *grande martingale,* la *piquemouche,* la *Whittaker,* la *pyramide d'Alembert,* la *contre d'Alembert,* la *paroli,* les *martingales américaine* et *anglaise*). Il faut insister ici sur le fait qu'*il n'y a aucun de ces procédés qui résiste au raisonnement.* Nous avons d'ailleurs vu que les stratégies optimales dans les cas classiques étaient connues et qu'il n'était pas possible de faire mieux que celles-ci. Prenons à titre d'exemple la « martingale de Hawks » classique consistant à doubler sa mise à chaque coup, en cas d'échec. Il se trouve que cette martingale coïncide au début avec la stratégie optimale du jeu pair-impair, et assure apparemment un gain certain. En effet, si vous misez 1 au premier jeu, 2 au second, 4 au troisième, et ainsi de suite, lorsque vous gagnerez, votre gain sera toujours égal à 1.

Cependant, les chiffres deviennent très vite énormes et le gain ne serait certain qu'à condition de disposer d'une fortune infinie (voir le chap. I). De plus, le plus souvent, les casinos limitent la mise maximale (c'est en particulier le cas en France, où la mise minimale débute à 2 €, mais peut être bien supérieure à cette somme, et la mise maximale ne peut excéder 30 fois la mise minimale sur un numéro plein, et 1 000 fois la mise minimale sur une chance simple), ce qui ne permet pas de continuer l'opération au-delà d'une certaine limite (on consultera, par exemple, le site web : http://www.casino-zen.com/ mises-gains-roulette.html.

Une idée plus intelligente consisterait à chercher les *imperfections* du jeu, pouvant être dues :

– soit à d'insensibles dissymétries de l'appareil de jeu ;
– soit aux habitudes du croupier.

Pour éviter qu'un joueur puisse identifier de telles imperfections par l'observation des tables de roulettes, les grands casinos changent très souvent de croupiers et de roulettes, et une observation d'une durée suffisante pour être utilisable sera donc difficile à réaliser. On cite cependant l'exemple connu de l'ingénieur anglais William Jaggers (1830-1892) qui a réalisé, en 1873, un gain final de 325 000 $ or (une somme astronomique pour l'époque) à la roulette de Monte-Carlo, en tenant compte de telles imperfections. William Jaggers avait utilisé six comparses pour noter les numéros sortis aux différentes tables de roulette, ce qui lui avait permis de conclure que certains chiffres sortaient de manière anormalement élevée. Il réalisa ensuite une série de parties gagnantes, avant que le casino ne renouvelle l'ensemble de son matériel, mettant ainsi fin à son succès.

Rejetons immédiatement les méthodes dites de compensation, consistant à jouer systématiquement les chiffres qui ne sont pas sortis depuis longtemps. Nous verrons plus loin de manière précise à quel point ceci est absurde et dangereux pour le joueur.

Une méthode raisonnable (et déjà appliquée avec succès par William Jaggers (voir Epstein, *op. cit.*, p. 114)) consisterait à aller dans un casino observer les tables jusqu'à en distinguer une qui soit telle que l'imperfection de la roulette compense, en probabilité, le prélèvement du casino. Disposant alors d'une fortune suffisante, et jouant assez longtemps, on gagnerait alors, par un jeu biaisé en faveur du joueur, une somme valant le déplacement.

Il ne faut cependant pas croire que les maisons de jeu ignorent ce risque. Elles font tout leur possible pour identifier les joueurs et les tables « anormales ».

Quant au temps passé, il vaut difficilement les risques courus. Disons simplement que c'est à la rigueur possible.

Une autre méthode plus astucieuse ferait appel au calcul prévisionnel des cases où la bille risque de tomber, en combinant la vitesse de rotation de la roue et la vitesse de la bille. Entre les vingt secondes séparant le début du mouvement de la bille et l'arrêt des mises, il serait possible de prévoir la chute de la bille avec précision et de miser en conséquence. Il est, cependant, douteux qu'un casino permette à un joueur d'installer sur place le matériel électronique qui lui permettrait d'arriver à un tel résultat.

Nous invitons le lecteur à s'entraîner au calcul des probabilités en réalisant des calculs analogues au précédants, dans le cas du *jeu de la boule* (neuf chiffres de 1 à 9, le 5 ne payant pas, les autres chiffres rapportant 7 à 1, et les jeux pair-impair (1-3-7-9) – (2-4-6-8), manque-passe (1-2-3-4) – (6-7-8-9), noir-rouge (1-3-6-8) – (2-4-7-9), rapportant chacun une somme égale à la mise).

Nous renvoyons par ailleurs pour plus de détails à : L. Dubins et L. Savage (1965), *Inequalities for Stochastic Processes. How to Gamble if you Must,* Londres, Dover, et B. Epstein (1977), *The Theory of Gambling and Statistical Logic,* New York, Academic Press.

Nous revenons maintenant à l'étude d'une marche aléatoire infinie, dont nous rappelons la définition générale. On pose :

$$S_0 = 0, \text{ et, pour } n \geq 1, \ S_n = S_{n+1} + X_n = \sum_{I+1}^{N} X_i,$$

où $X = X_1, X_2, \ldots$ est une suite de variables aléatoires indépendantes de même loi, telle que :

$$P(X = 1) = p \text{ et } P(X = -1) = 1 - p,$$

avec $0 < p < 1$. Remarquons qu'on peut exprimer simplement S_n à l'aide du nombre, noté N_n, d'occurrences de l'événement $X_k = 1$, lorsque k varie entre 1 et n. En effet :

$$S_n = N_n - (n - N_n) = 2N_n - n \text{ ou, inversement, } N_n = \frac{1}{2}(S_n + n).$$

De même, si on définit de nouvelles variables, pour $n \geq 1$,

$$Y_n = \frac{1}{2}(X_n + 1) \text{ et } N_n\, Y_1 + \ldots + Y_n,$$

on constate que $Y = Y_1, Y_2, \ldots$ est une suite de variables indépendantes de même loi, telle que :

$$P(Y = 1) = p \text{ et } P(Y = 0) = 1 - p.$$

On raisonnera donc indifféremment sur S_n, le *montant des gains* du joueur depuis l'origine jusqu'à l'instant n, ou sur N_n, le *nombre de jeux gagnés* dans la même période. Dans la suite, il sera commode de poser $q = 1 - p$.

Les deux lois limites suivantes s'appliquent directement à ce modèle, comme conséquence de résultats généraux (voir les chap. III et V) :

1 / *Loi des grands nombres :* on a, avec probabilité 1 lorsque $n \to \infty$,

$$\frac{S_n}{n} \to p - q = 2\,p - 1 = E(X)$$

$$\text{ou, de manière équivalente, } \frac{N_n}{n} \to p = E(Y).$$

2 / *Convergence vers la loi de Laplace-Gauss (loi normale)* (*on notera que* $\mathrm{Var}(X) = 4\,pq = 4\,p(1 - p)$) :

$$\lim_{n \to \infty} P\left(\frac{S_n - n(p - q)}{2\sqrt{npq}} \leq x\right) = \frac{1}{\sqrt{2\pi}} \int_{-\infty}^{x} e^{-t^2/2}\, dt,$$

ou, de manière équivalente,

$$\lim_{n \to \infty} P\left(\frac{N_n - np}{\sqrt{npq}} \leq x\right) = \frac{1}{\sqrt{2\pi}} \int_{-\infty}^{x} e^{-t^2/2}\, dt.$$

Ces résultats bien connus doivent être complétés par d'autres lois moins bien connues et dont l'ignorance a conduit plus d'un joueur à la ruine. Tout d'abord, si on observe pendant une longue durée la marche aléatoire, $S_0, S_1, \ldots, S_n, \ldots$, *dans le cas d'une partie équilibrée* ($p = q = 1/2$), avec probabilité 1, S_n va passer une infinité de fois par tout nombre entier donné aussi grand ou petit qu'il soit.

Ce résultat est précisé par la *loi du logarithme itéré* (voir le chap. X) qui s'énonce ici comme suit. Avec probabilité 1, pour tout $0 < \varepsilon < 1$, il existe une infinité d'indices n tels que :

$$S_n - n(p + q) \geq (1 - \varepsilon) \sqrt{8npq \log \log n},$$

et une infinité d'indices n tels que :

$$S_n - n(p + q) \leq (1 - \varepsilon) \sqrt{8npq \log \log n}.$$

De plus, avec probabilité 1, pour tout $\varepsilon > 0$, il existe un $n_\varepsilon < \infty$, tel que, pour tout $n \geq n_\varepsilon$:

$$-(1 = \varepsilon) \sqrt{8npq \log \log n} \leq S_n - n(p + q)$$
$$\leq (1 + \varepsilon) \sqrt{8npq \log \log n}.$$

Une conséquence directe de ce résultat est que, dans le cas d'une suite de jeux équilibrés entre deux adversaires (A) et (B) ayant même probabilité de gain ($p = q = 1/2$), si le joueur (B) a une fortune beaucoup plus importante que celle de (A), alors, avec probabilité 1, *le joueur le moins riche* (A), sera, *ultimement ruiné*. Ce principe fait qu'un joueur, menant une suite de parties contre un casino, aura fatalement le dessous, et ceci, même si les parties se trouvaient être équilibrées. Pour avoir des chances raisonnables d'échapper à un tel destin, et pouvoir « faire sauter la banque » il faudrait que le joueur ait une fortune initiale, au moins du même ordre que celle du casino. On se doute que c'est une configuration difficile à réaliser.

On obtient également un résultat intéressant concernant les retours de S_n au niveau 0. Avec probabilité 1, celui-ci a lieu :

- dans une partie *équilibrée* ($p = q$), *une infinité de fois au cours du déroulement de la partie* ;
- dans une partie *déséquilibrée* ($p \neq q$), *un nombre fini de fois*.

Ceci donne une explication heuristique des raisons pour lesquelles on a intérêt, lors d'une partie défavorable ($p < q$), à ne pas jouer par petites mises répétées et longtemps, mais plutôt par gros enjeux et rapidement. On procède ainsi, afin de ne pas laisser à la loi des grands nombres l'opportunité de s'appliquer.

Donnons un exemple numérique, en considérant une série très longue de jeux de pile ou face équilibrés (avec $p = q = 1/2$), pour des valeurs de n telles qu'on peut admettre que les lois des grands nombres précédentes soient pratiquement réalisées :

Si le nombre d'épreuves n est égal à :

1 000 000 alors, $\sqrt{8npq \log\log n} = 2\,291{,}63\ldots$

1 000 000 000 alors, $\sqrt{8npq \log\log n} = 77\,862{,}15\ldots$

Ceci veut dire que, dans une réalisation de la marche aléatoire, S_n va fluctuer autour de 0, en pouvant atteindre des valeurs aussi importantes que $\pm$ 2 000 sur 1 000 000 d'épreuves, ou que $\pm$ 70 000 sur 1 000 000 000 d'épreuves. Précisons davantage l'étendue de ces fluctuations :

On peut, dans le cas d'une partie équilibrée, obtenir sans difficulté la loi limite de $M_n / \sqrt{n}$ où

$$M_n = \max\{\, 0, S_1, \ldots, S_n \,\}.$$

On notera au passage que M_n suit la même loi de probabilité que m_n, où $m_n = \max\{\, 0, -S_1, \ldots, -S_n \,\}$.

Toujours dans le cas d'une marche aléatoire équilibrée, avec $p = q = 1/2$, on obtient la loi de M_n en faisant usage du *principe de réflexion de Désiré André* (1887) (voir W. Feller (1957), *An Introduction to Probability Theory and its Applications,* New York, Wiley, t. I, p. 70, ainsi que : M. Loeve (1977), *Probability Theory,* New York, Springer).

Ce principe, très simple à comprendre, consiste à dire qu'étant donné la suite $S_0 = 0, S_1, \ldots, S_n$ et son maximum M_n supposé tel que $M_n \geq a$, et atteint en $S_k = M_n$, on peut, au-delà de $S_k = M_n$, remplacer toutes les variables $X_{k+1}, \ldots, X_n$ par leurs opposés $-X_{k+1}, \ldots, -X_n$, en obtenant une réalisation de la suite ayant le même comportement en probabilité. On en déduit l'identité :

$$P(M_n \geq a,\ S_n < a) = P(M_n \geq a,\ S_n > a),$$

de laquelle on déduit la relation :

$$P(M_n \geq a) = 2P(S_n < a) + P(S_n = a).$$

Comme la loi limite de $S_n/\sqrt{n}$ est normale, par le théorème central limite, on déduit de ces relations que :

$$\lim_{n\to\infty} P\,(M_n/\sqrt{n} \le x) = \lim_{n\to\infty} P\left(\frac{1}{\sqrt{n}} \max_{0\le i\le n} S_i \le x\right) = \sqrt{\frac{2}{\pi}}\int_0^x e^{-t^2/2}\, d$$

t

pour tout $x \ge 0$.

Ce résultat exprime que $M_n/\sqrt{n}$ a comme loi limite celle de la valeur absolue | X | d'une variable aléatoire X suivant une loi normale (de Laplace-Gauss) N(0, 1), centrée réduite (d'espérance 0 et de variance 1). Ceci consiste à déterminer des niveaux a_n et b_n tels que :

$$P(\max_{0\le i\le n} S_i \le a_n) = P(\max_{0\le i\le n} S_i \le b_n) = 10\ \%,$$

en prenant les niveaux correspondants comme ceux de la valeur absolue d'une loi normale N(0, 1). On choisit donc :

$$\frac{a_n}{\sqrt{n}} \sim 0{,}12566 \text{ et } \frac{b_n}{\sqrt{n}} \sim 1{,}64485.$$

Toujours dans l'exemple du jeu de pile ou face, déterminons les quantiles supérieurs et inférieurs à 10 % de la distribution de M_n, avec l'approximation obtenue par la loi limite précédente. Ceci donne les « fourchettes » suivantes pour M_n (avec $P(M_n \ge a_n) \sim P(M_n \le b_n) \sim 10\ \%$) :

n	a_n	b_n
100	1	16
1 000	4	52
10 000	13	164
100 000	40	520
1 000 000	126	1 645
1 000 000 000	3 973	52 015

Comme on le voit, les fluctuations de S_n autour de l'origine tendent à s'en écarter de plus en plus, cependant la faiblesse de a_n est remarquable, par rapport à b_n.

Prenons un exemple pour illustrer ce phénomène. On considère un jeu de pile ou face (ou dans tout autre jeu équilibré), d'une durée de 100 coups. Est-il normal qu'au cours de la partie l'un des adversaires atteigne 15 points d'avance sur l'autre ? La probabilité que cela se produise est de 13,36 %, ce qui en fait un événement peu fréquent, mais néanmoins possible (à peu près équivalent à la probabilité de tirer un 6 aux dés (1/6 = 16,66 %)).

Est-il normal, inversement, que l'un des protagonistes n'ait jamais plus de deux points d'avance sur son adversaire ? La probabilité que cela se produise est alors de 15,85 %, ce qui en fait également un événement peu fréquent, mais néanmoins possible.

Ces chiffres dégagent peu à peu un principe vieux comme le monde, et qu'il n'est pas besoin d'être mathématicien pour connaître : celui de la *loi des séries,* ou de la *persistance de la fortune* (bonne ou mauvaise).

Chapitre XIV

LA PERSISTANCE DE LA CHANCE OU DE LA MALCHANCE

On supposera toujours ici qu'on réalise une suite X_1, X_2, ..., de jeux équilibrés indépendants, du type « *pile* ou *face* » (codés, respectivement, 0 et 1), avec des probabilités de gain ou de perte égales, toutes deux, à 1/2.

Dans ce cas, si $S_0 = 0$, et si $S_n = X_1 + \ldots + X_n$ représente le *montant cumulé des gains* après *n* jeux, dans une partie infinie, avec probabilité 1, la suite S_n repasse une infinité de fois par le niveau 0. On peut donc définir la suite T_1, T_2, ..., T_k, ..., des temps séparant deux passages successifs de S_n en 0, par les relations :

$$S_0 = S_{T_0} = 0,\ S_j \neq 0,\ T_0 < j < T_1,\ S_{T1}$$

$$= 0,\ S_j \neq 0,\ T_1 < j < T_2,\ S_{T2} = 0,\ \ldots$$

Pour des raisons évidentes, $T = T_1$, ..., T_k, ..., est une suite de variables aléatoires indépendantes et de même loi. Par ailleurs, on ne peut retourner en 0 qu'en faisant autant de gains que de pertes, et donc, les valeurs des termes de la suite T_1, ..., T_k, ..., ne peuvent être que des nombres entiers pairs (c'est-à-dire, des multiples entiers de 2).

La distribution de probabilité de ces variables est alors (voir W. Feller, *op. cit.,* p. 76) donnée par :

$$P(T = 2k) = \frac{1}{(2n-1)\,2^{2n-1}}\binom{n}{2n-1} = \frac{(2n-)!\,n}{(n!)^2\,2^{2n}},$$

(on utilise, ici, les notations classiques $n! = n \times (n-1) \times \ldots \times 2 \times 1$, et $\binom{n}{m} = \frac{n!}{m!(n-m)!}$).

On obtient les valeurs numériques suivantes de ces probabilités (en %) (voir tableau page suivante).

	$P[T = 2n]$	$P[T \geq 2n]$	$P[T = 2n \mid T \geq 2n - 2]$
$n =$ 1	50,00	50,00	50,00
2	12,50	62,50	25,00
3	6,25	68,75	16,67
4	3,91	72,66	12,50
5	2,73	75,39	10,00
6	2,05	77,44	8,33
7	1,61	79,05	7,14
8	1,31	80,36	6,25
9	1,09	81,45	5,56
10	0,93	82,38	5,00

La dernière colonne du tableau ci-dessus donne la probabilité que T soit égal à $2n$, sachant que T est supérieur ou égal à $2n - 2$. On serait tenté de croire que cette probabilité augmente avec n. Or elle diminue ! En effet, ceci est logique car, si elle augmentait, cela voudrait dire qu'il serait possible, pour n assez grand, de prévoir avec une certitude de plus en plus grande le coup suivant. Or on sait que c'est impossible, et ceci illustre parfaitement, à quel point il est insensé, comme on l'observe malheureusement trop souvent chez les joueurs de casino, de miser systématiquement sur les numéros qui sont sortis le moins fréquemment dans le passé.

Lorsque $n \to \infty$, on obtient l'équivalent suivant (avec la notation $u_n \sim v_n \Leftrightarrow u_n/v_n \to 1$) :

$$P(T = 2n) \sim \frac{1}{(2n-1)\sqrt{\pi n}} \sim \frac{1}{2n\sqrt{\pi n}}.$$

Ceci montre que l'espérance de T est infinie, puisque celle-ci est définie par la formule

$$E(T) = \sum_{n=1}^{\infty} 2nP(T = 2n) - \infty.$$

Cette dernière propriété implique que, avec probabilité 1 lorsque $n \to \infty$,

$$\frac{1}{n}\{ T_1 + \ldots + T_n \} \to \infty.$$

Ce résultat peut paraître paradoxal, puisqu'on serait tenté de croire que l'espérance du temps séparant deux passages de S_{2n} par 0 pourrait être finie. Or c'est le contraire qui se passe ! Ceci veut dire que les temps de séjour de S_n dans la zone $\{ S_n > 0 \}$ ou dans la zone $\{ S_n < 0 \}$ qui ont des probabilités non négligeables d'être brefs (par exemple, $P(T \geq 10) \simeq 75$ %, en adoptant la formule obtenue pour la loi limite), pourront, surtout, être extrêmement longs avec des probabilités élevées. Ainsi, *dans un jeu équilibré de longue durée, la chance a tendance à favoriser, de manière constante, et pendant de longues périodes l'un des joueurs.* Ceci illustre *le principe de persistance de la fortune.*

Ce résultat très bizarre sera mieux décrit à l'aide de la *loi de l'Arc sinus,* dont nous parlons dans le chapitre XV suivant.

En termes de jeu, si on désigne par *compensation* la fois où S_n passe par 0, le nombre de compensations observées dans une durée 1, 2, ..., n croît infiniment moins vite que n. En d'autres termes, la *compensation devient de plus en plus rare lorsque la durée de la période d'observation augmente* !

Ceci est-il vraiment paradoxal ? Le raisonnement qu'on est tenté de faire est le suivant :

Si on observe la période 1, 2, ..., n, puis la période $n + 1$, ..., $2n$, le nombre de compensations qu'on y observera sera le même en loi, et donc il y en aura deux fois plus en moyenne dans 1, ..., $2n$ que dans 1, ..., n.

C'est oublier que la compensation n'est définie que relativement au point de départ $S_0 = 0$, et que, à cause de cela le nombre de compensations observables dans $n + 1$, ..., $2n$ (où le point de départ S_n n'est pas nécessairement nul), n'a pas du tout la même distribution que celle du nombre de compensations dans 1, ..., n (où le point de départ $S_0 = 0$ est imposé. Il suffit de prendre $n = 2$ pour constater que la probabilité $P(S_n = 0)$ varie avec n. On obtient ainsi les valeurs numériques :

$$P(S_2 = 0) = 50 \text{ \%} \quad \text{et} \quad P(S_4 = 0) = 37{,}5 \text{ \%}.$$

Chapitre XV

LA LOI DE L'ARC SINUS OU L'INJUSTICE FONDAMENTALE DE LA NATURE

Le nom de cette loi est dû à la fonction réciproque de $x \to \sin x$, appelée Arc sinus, et notée Arc sin x (ou parfois $\sin^{-1} x$, ou encore, Arg sin x). Cette fonction peut être définie par l'intégrale :

$$\text{Arc}\sin x = \int_0^x \frac{dt}{\sqrt{1-t^2}} \text{ lorsque } -1 \leq x \leq 1.$$

Nous utiliserons cette fonction, après de petites modifications. Rappelons encore qu'elle vérifie :

$$\sin(\text{Arc}\sin x) = x \text{ pour } -1 \leq x \leq 1,$$

et

$$\text{Arc}\sin(\sin x) = \text{x pour } -\frac{\pi}{2} \leq x \leq \frac{\pi}{2}.$$

On considère, comme dans le chapitre XII, une suite de jeux de pile ou face indépendants équilibrés, S_n désignant le nombre de gains d'un joueur donné après n parties. On désigne par ζ_{2n} le nombre de termes S_j parmi $S_1, \ldots, S_{2n}$, tels que, soit $S_j < 0$, soit $S_j = 0$ et $S_{j-1} < 0$. D'autre part, on désigne par $K_{2n} = \max\{k : 0 \leq k \leq n,\ S_{2k} = 0\}$, la position du dernier indice $k \leq n$ tel que $S_{2k} = 0$. On obtient que :

$$P(\zeta_{2n} = 2k) = P(K_{2n} = 2k) = \frac{1}{2^{2n}}\binom{2k}{k}\binom{2n-2k}{n-k}$$

pour $k = 0, 1, \ldots, n$.

Lorsque $n \to \infty$, la proportion $K_{2n}/(2n)$ du temps passé par $S_1, \ldots, S_{2n}$ dans la zone positive rapportée au nombre $2n$ de jeux tend vers une loi limite :

$$\lim_{n\to\infty} P\left(\frac{\xi_{2n}}{2n} \leq x\right) = \lim_{n\to\infty} P\left(\frac{K_{2n}}{2n} \leq x\right) = \frac{2}{\pi} \text{ Arc}\sin\sqrt{x}$$

pour $0 < x < 1$.

La densité de cette loi, soit :

$$f(x) = \frac{d}{dx}\left(\frac{2}{\pi}\,\text{Arc}\sin\sqrt{x}\right) = \frac{2}{\pi}\,\frac{2}{\sqrt{x(1-x)}} \quad \text{pour } 0 < x < 1,$$

est infinie en 1 *et* 0, ce qui montre que, *contrairement au « bon sens qui voudrait que dans un jeu très long, les périodes de gain de chacun des joueurs soient voisines, le plus vraisemblable est que l'un des joueurs soit l'essentiel du temps en situation de gain, l'autre demeurant en situation de parte* ».

Notons A une variable aléatoire suivant la loi limite de $K_{2n}/(2n)$. Donnons quelques valeurs numériques de la distribution de A, en nous limitant au cas où $0 \leq A \leq 1/2$, correspondant à une situation ou S_n est resté, le plus longtemps positif.

Dans ce cas-là, on obtient les probabilités suivantes pour A :

α = 0,001	P[A ≤ α | A ≤ 1/2] = 4,03 %
0,005	9,01 %
0,01	12,75 %
0,05	28,71 %
0,10	40,97 %
0,20	59,03 %
0,25	66,66 %
0,30	73,80 %
0,40	87,18 %
0,50	100,00 %

Ceci explique un peu certaines situations dans des jeux équilibrés, où on observe qu'il y a presque toujours un des protagonistes qui accumule toutes les chances, au détriment de toute logique égalitaire.

On laissera aux philosophes et aux sociologues le soin de tirer les enseignements qu'ils voudront bien de cette loi remarquable et si inattendue. La loi de l'Arc sinus a été découverte par Paul Lévy (1939), Erdős et Kac (1947), Sparre-Andersen (1949), Chung et Feller (1950).

Une des conclusions de ceci pourrait être que *dans un jeu où deux adversaires s'affrontent à chances égales, il est probable que l'un d'entre eux « gagne tout le temps »* (et pas nécessairement le meilleur, puisqu'ils sont théoriquement égaux) !

Chapitre XVI

LA THÉORIE DE L'ARRÊT OPTIMAL ET LA PREUVE MATHÉMATIQUE QU'IL VAUT MIEUX S'ABSTENIR DE JOUER AU CASINO

Une des raisons pour lesquelles les jeux de hasard ont autant de succès est qu'on y propose des jeux sensiblement en faveur de la maison de jeu, mais où le joueur conserve la liberté permanente de sa stratégie, et d'accepter ou non de miser.

Il y a là un défi entre un pourcentage de probabilité et l'intelligence du joueur. Beaucoup sont tentés de le relever.

D'autres problèmes n'ayant aucun rapport avec le jeu répondent à ce modèle. Parmi ceux-ci, on pourrait évoquer les questions industrielles liées aux décisions statistiques dans le cadre des contrôles de qualité. De tels problèmes sont autrement plus importants que de simples questions de stratégie au casino.

Pour prendre un exemple simple, considérons le cas d'un courtier auquel on propose de vendre une cargaison de fruits. Il a devant lui une alternative du type suivant : si la proportion de fruits avariés est inférieure à 0 %, il fait un bénéfice de 10 000 €. Si ce pourcentage est supérieur à 10 %, il risque de ne pouvoir revendre le stock et de faire une perte sèche de 20 000 €. Sa décision doit être basée sur des échantillons prélevés sur la cargaison dont l'analyse complète revient à 1 000 € par échantillon, et qui lui fournit à chaque opération une indication du type : « Il y a X_n fruits pourris parmi les Y_n fruits du *n*-ième échantillon. »

Quelle doit être la stratégie que le courtier doit adopter dans un tel contexte ? Il peut soit décider de ne pas acheter, soit décider d'acheter, soit encore demander un échantillon supplémentaire à ses frais. Il est naturel de chercher la procédure de décision qui doit être adoptée pour maximiser les possibilités de gain. On retrouve, sous une forme différente, un problème de jeu (miser ou ne pas miser, et de quelle manière).

Les problèmes précédents ont été résolus, sur le plan mathématique, dans un grand nombre de cas. Nous nous contenterons ici d'évoquer l'un des cas les mieux connus, celui de l'*arrêt optimal fini*.

On considère, dans ce dernier cas, une suite de variables aléatoires S_0, S_1, ..., S_N, dont on connaît la structure probabiliste, et qu'on interprétera comme les gains successifs d'un joueur dans une suite de jeux répétés. À chacune des étapes du jeu, le joueur a le choix, soit de continuer à jouer, soit de s'arrêter. Formellement, après avoir joué k jeux, et ayant connaissance des gains S_0, S_1, ..., S_k, des parties précédentes, le joueur décide, soit de continuer à jouer, soit d'arrêter tout, en empochant S_k.

Une stratégie d'arrêt de ce type est équivalente à la donnée d'un *temps d'arrêt* τ, prenant des valeurs entre 0 et n, et tel que la donnée de S_0, ..., S_k détermine si l'événement $\{ \tau = k \}$ a lieu ou non.

Naturellement, un temps d'arrêt, dépendant des nombres aléatoires S_0, ..., S_N, est lui-même une variable aléatoire. Le problème de base consiste à déterminer, parmi tous les choix possibles, le temps d'arrêt τ qui optimise un *critère d'optimalité* dépendant de l'ensemble des observations avant τ. Un exemple typique de critère d'optimalité est donné par l'*espérance de gain* $E(S_\tau)$ *observé au temps d'arrêt*. On cherchera, bien entendu, à maximiser cette espérance de gain.

Le problème, posé en ces termes, a été complètement résolu en 1963 par Chow et Robbins (K. L. Chow et H. Robbins (1963), On optimal stopping rules, *Z. Wahrscheinlichkeitstheorie, 2,* 33-49), et Siegmund (D. Siegmund, (1967), Some problems in the theory of optimal stopping rules, *Ann. Math. Statist., 38,* 1627-1640) (voir le livre : K. L. Chow, H. Robbins et D. Siegmund (1971), *Great Expectations : The Theory of Optimal Stopping,* Houghton-Mifflin).

Nous ne pouvons ici décrire la construction du temps d'arrêt optimal, qui s'exprime rarement d'une manière simple en fonction de S_0, S_1, ..., S_N, et nous contenterons de donner une application de ces résultats obtenue dans un cas particulier.

Il s'agit d'un jeu classique à mises égales répétées. Dans ce cas, le gain au n-ième jeu est le montant cumulé d'une marche aléatoire, $S_n = X_1 + \ldots + X_n$, où les variables aléatoires $X = X_1$, X_2, ... sont indépendantes de même loi, telle que $P(X = 1) = p$ (probabilité de gain), et $p(X = 0) = 1 - p = q$ (probabilité de perte).

Quel est donc le temps d'arrêt maximisant l'espérance de gain pour un tel jeu ? La réponse est, conformément au bon sens, *qu'entre toutes les stratégies possibles de jeu, la meilleure possible est de ne pas jouer du tout*.

Le résultat peut être déduit du *lemme de Wald* prouvant que (sous réserve d'hypothèses de régularité) :

$$E(S_\tau) = E(X)E(\tau) = (p - q)E(\tau).$$

Comme application de cette formule, si le jeu est, soit perdant pour le joueur ($p < q$), soit équilibré pour le joueur ($p = q = 1/2$), on constate que $E(S_\tau) \leq 0$. Cette valeur est même strictement négative si $p < q$ et $E(\tau) > 0$. Pour maximiser $E(S_\tau)$, une solution s'impose donc, celle de choisir $\tau = 0$, ce qui revient à *ne pas jouer du tout*. Il faut mentionner ici que *le résultat subsiste* (avec quelques aménagements) *lorsque les variables* X_1, ..., X_n, ... *sont indépendantes mais pas de même loi* (voir A. Wald (1947), *Sequential Analysis,* New York, Wiley).

Ainsi, *la preuve existe qu'il n'est pas très raisonnable de jouer*. Cependant, nous ne pensons pas que de tels arguments puissent modifier en quoi que ce soit le parti pris des aficionados du tapis vert. L'optimisation du gain n'est sans doute donc pas le critère dominant d'une stratégie qui aboutit, malheureusement, trop souvent à la ruine.

Il n'est pas inintéressant non plus de faire la remarque que la plupart des développements que nous avons évoqués sont fort récents, et même assez contemporains. Il n'est donc pas surprenant qu'ils soient encore, le plus souvent, ignorés du public. Nous espérons avoir ainsi contribué à leur diffusion.

BIBLIOGRAPHIE ADDITIONNELLE

Ash R. B., *Real Analysis and Probability,* Academic Press, 1972.
Billingsley P., *Probability and Measure,* Wiley, 1978.
Billingsley P., *Convergence of Probability Measures,* Wiley, 1968.
Breiman L., *Probability,* Addison Wesley, 1968.
Chow Y. S., H. Teicher, *Probability Theory,* New York, Springer Verlag, 1988.
Chung K. L., *A Course in Probability Theory,* Academic Press, 1974.
Deheuvels P., *L'intégrale,* PUF, « Que sais-je ? », n° 2250.
Falconer K., *Fractal Geometry. Mathematical Foundations and Applications,* New York, Wiley, 1990.
Feller W., *An Introduction to Probability Theory,* vol. I et II, Wiley, 1966.
Glieck J., *Chaos. Making a New Science,* New York, Penguin, 1988.
Hall P., Heyde C. C., *Martingale Limit Theory and its Application,* Academic Press, 1980.
Karatzas I., Shreve S. E., *Brownian Motion and Stochastic Calculus,* Springer, 1987.
Lukács E., *Characteristics Functions,* Londres, Griffin, 1970.
Lukács E., *Stochastic Convergence,* Academic Press, 1975.
Maïstrov L. E., *Probability Theory, a Historical Sketch,* Academic Press, 1974.
Mandelbrot B. B., *Les objets fractals : forme, hasard et dimension,* Paris, Flammarion, 1975.
Neveu J., *Bases mathématiques du calcul des probabilités,* Masson, 1964.
A. Rényi, *Calcul des probabilités,* Dunod, 1966.

TABLE DES MATIÈRES

Imprimé en France
par MD Impressions
73, avenue Ronsard, 41100 Vendôme
Septembre 2008 — N° 54 706